新基建与智能电网

胡 博 编著

科学出版社

北京

内 容 简 介

本书通过分析新基建中各项关键技术与智能电网的相关性，阐述将 5G、大数据、人工智能等技术应用于智能电网的方法。书中重点介绍新基建中相关技术及其在智能电网中的应用情况，包括 5G、大数据、新能源汽车和充电桩、人工智能、特高压、工业互联网六个方面的内容。本书旨在为广大读者解读现阶段能源电力行业新基建与智能电网共同面临的挑战以及解决问题的技术。

本书可以为能源动力专业学生提供理论参考，同时也可以供能源电力行业从业者以及相关科研工作者参考。

图书在版编目（CIP）数据

新基建与智能电网/胡博编著. —北京：科学出版社，2023.2
ISBN 978-7-03-073179-1

Ⅰ. ①新… Ⅱ. ①胡… Ⅲ. ①智能控制 – 电网 Ⅳ. ①TM76

中国版本图书馆CIP数据核字（2022）第168620号

责任编辑：张海娜 赵微微 / 责任校对：任苗苗
责任印制：赵 博 / 封面设计：蓝正设计

科 学 出 版 社 出版
北京东黄城根北街 16 号
邮政编码：100717
http://www.sciencep.com
北京中科印刷有限公司印刷
科学出版社发行 各地新华书店经销
*

2023 年 2 月第 一 版 开本：720×1000 1/16
2024 年 5 月第三次印刷 印张：10 1/4
字数：204 000
定价：98.00 元
（如有印装质量问题，我社负责调换）

前　言

　　自 2009 年国家电网公司首次提出智能电网以来,我国智能电网建设迅速发展。2010 年 3 月,"加强智能电网建设"被写入当年的《政府工作报告》,上升为国家战略。如今智能电网建设已经走进了第三阶段,即引领提升阶段。在新型基础设施建设(简称新基建)的风口下,智能电网必将开启能源与互联网有机结合的大门,智能电网的布局也将成为国家抢占未来低碳经济制高点的重要战略措施。新型冠状病毒疫情发生以来,在全球经济受到较大冲击的形势下,新基建展现出其强大的潜力,成为对抗疫情影响、促进经济增长的重要领域。新基建主要包括基于新一代信息技术演化生成的信息基础设施,基于深度应用"云大物移智"(云计算、大数据、物联网、移动互联网、智慧城市)等技术支撑传统基础设施转型升级而形成的融合基础设施,用于支撑科学研究、技术开发、产品研制的具有公益属性的创新基础设施。在新基建发展的大潮下,智能电网建设将迎来全新的机遇期,新基建产业链的综合发展将进一步推动能源电力行业加快建成智能电网,加快向智能电网运营商、能源产业价值链整合商、能源生态系统服务商转型。

　　本书重点介绍新基建各大领域的技术与智能电网相结合后对智能电网产生的促进作用以及新基建应用下智能电网的应用,共 7 章。第 1 章首先介绍智能电网的定义及其发展现状和意义,然后介绍新基建各大领域与智能电网的关系,最后结合新基建与智能电网的发展现状概述新基建背景下智能电网的发展规划。第 2 章首先介绍第五代移动通信技术(5th generation mobile communication technology, 5G)中当前一些关键技术的概念以及技术原理,然后讲述 5G 对智能电网的影响以及对电网的革新,最后概述 5G 关键技术在智能电网中的应用。第 3 章首先概述与大数据相关的一些关键技术,然后介绍大数据关键技术在智能电网中的应用,最后讲述电网中的大数据和在电力大数据背景下的智能电网发展规划。第 4 章首先概述新能源汽车和充电桩相关关键技术,然后介绍新能源汽车和充电桩关键技术在智能电网中的应用,最后介绍充电桩入网后对智能电网的影响以及新能源汽车和电网互联后智能电网的发展前景。第 5 章首先讲述人工智能的关键技术,然后介绍新一代人工智能技术应用在智能电网中的关键问题,最后分析人工智能在智能电网中的重点应用领域，以人工神经网络及遗传算法为例概述人工智能技术在智能电网中的应用，并且介绍人工智能技术和电网互联后智能电网的发展前景。第 6 章首先讲述特高压直流、交流技术，并进行相关技术对比，然后介绍特高压技术在智能电网中的联动性应用，最后分析特高压技术在智能电网大背景下的发展前景。第 7 章首先介绍工业互联网中的边缘计算技术、数据交互技术和云计算环境架构，然后介绍边缘计算与数据交互技术在智能电网不同环境下的应用问题，最后分析工业互联网技术在智能电网大背景下的发展前景。

限于作者水平，本书内容难免存在不妥之处，敬请广大读者批评指正！

目　录

第1章　面向新基建的智能电网

近年来，国家电网公司持续加快推进智能电网(smart grid，SG)建设，这一电网建设方针与新型基础设施建设(以下简称新基建)非常契合。智能电网是由电力网和通信网深度融合形成的新型现代化电网，目标是建立一个覆盖并贯穿发、输、配、用各领域高度自动化和广泛分布的能量与信息交换系统。智能电网本身即为新基建中的融合基础设施，更重要的是智能电网作为智慧能源基础设施，为新基建提供"安全、可靠、绿色、高效"能源动力保障，将成为所有新基建不可或缺的一部分，是我们服务、助力新基建产业发展的物质基础。

1.1　智　能　电　网

我国智能电网建设推进已十余年，各环节智能化与自动化水平大幅提升，供电可靠性显著改善，特高压网络国际领先。与现有电网相比，智能电网体现出能量流、信息流和业务流高度融合的显著特点，在绿色节能意识的驱动下，智能电网成为世界各国竞相发展的一个重点领域。

在智能电网中，各个环节的能量流、信息流和业务流双向流动、多方互动。网络方面，智能电网把分布式计算和先进通信技术引入电网，实现信息实时交换和电力设备实时监控；接入方面，智能电网利用先进的智能化接入设备，支持多业务快速、灵活接入；系统方面，信息通信系统与电力生产管理深度融合，实现智能电网精益化运营与管理。智能电网投资重点在用电、配电、变电及通信环节，主要提升电网自动化、信息化、互动化水平，强化资源配置能力，改善安全稳定运行水平，适应清洁能源发展与并网等。智能电网通过先进的传感和测量技术、先进的设备技术、先进的控制方法以及先进的决策支持系统技术的应用，实现电网的可靠、安全、经济、高效、环境友好的使用目标。

国家电网公司发布的《国家电网智能化规划总报告(修订稿)》指出，2009~2020 年国家电网智能化投资为 3841 亿元，在"十三五"最后的引领提升阶段投资为 1750 亿元。电网产业链下游是广泛的终端用户，电网企业提供输送电服务，用户向电网企业支付电费(目前电网企业仍然是最主要的售电主体)，根据电价的差异，可以将用户分为大工业、一般工商业、居民以及农业生产四类，其中大工业和一般工商业用户对应的电价高于居民和农业生产用电价。中游是电网建设及运营，传统模式下电网企业进行网架建设投资，通过购售电价差，收回投资及赚取收益。上游包括建设环节的设备企业和运营环节的发电企业。其中设备企业不仅有硬件设备，也包括软件、系统集成等。

智能电网投资主要对各类一次设备(包含特高压及柔性输电设备)、二次设备(各环节自动化设备及系统)、信息化设备及工程等。明确的投资方向为电网智能化与自动化，参与者较多，市场较分散但格局清晰，是由投资推动的成长性投资机会。智能电网将是电力行业的发展趋势。智能电网的建设也为现在的电力通信网带来新的挑战。

在能源紧缺方面，我国能源资源与需求呈逆向分布，能源运输压力大，坚强智能电网通过特高压网络建设提升"西电东送、北电南供"的运输效率。环境污染方面，我国对化石能源依赖较高，其产生的环境污染等问题日益严重，坚强智能电网通过特高压网络建设来实施"以电代煤、以电代油、电从远方来"的电能替代发展战略。能源安全方面，坚强智能电网建设可以提高我国电力占终端能源消费的比重，实现输煤输电并举，使得两种能源输送方式之间形成一种相互保障格局，并降低对国外石油的依存度。

电力行业产业链完整，电力装备齐全，应用规模大，产业辐射广，带动作用大，在 5G 行业发展中具有典型代表性。5G 结合网络切片、边缘计算等创新技术，完美契合了智能电网的通信需求。另外，5G 的大带宽、高可靠、低时延及大连接特性，能够丰富配电网侧业务的接入方式，能够克服线路最后一公里的接入难题，助力智能电网的建设。电网与 5G 网络的深度结合必将激发电力运行新型作业方式和用电服务模式，实现电网业务智能化升级，促进电力新兴业务发展。供应侧的坚强智能电网和需求侧的泛在电力物联网，二者"一供一需"，密切相关、无法割裂，长远来看将促进源-网-荷-储的协调互动，减少"三弃"(弃风、弃光、弃水)，切实弥补可再生能源的发展短板。"两网"之间的互动，是需求侧与供应侧的互动，即坚强智能电网与泛在电力物联网能够实现协调互动，这也是国家电网公司提出"两网"的重大意义。

1.1.1　智能电网的定义

智能电网就是电网智能化，利用双向数字技术控制用户用电设备从发电厂向用户供电，以此达到节约能源、降低损耗、增强电网可靠性的目的。其主要特征包括自愈、激励用户、抵御攻击、提供满足 21 世纪用户需求的电能质量、容许各种不同发电形式的接入、启动电力市场以及资产的优化高效运行。

"智能"二字，很容易使人认为智能电网是一个属于二次系统自动化范畴的概念。事实上，智能电网是未来先进电网的代名词，我们可从技术组成和功能特征两方面来理解它的含义。从技术组成方面讲，智能电网是集计算机、通信、信号传感、自动控制、电力电子、超导材料等领域新技术在输配电系统中应用的总和。这些新技术的应用不是孤立的、单方面的，不是对传统输配电系统进行简单的改进、提高，而是从提高电网整体性能、节省总体成本出发，将各种新技术与传统的输配电技术进行有机的融合，使电网的结构以及保护与运行控制方式发生革命性的变化。从功能特征上讲，智能电网在系统安全性、供电可靠性、电能质量、运行效率、资产管理等方面较传统电网有着实质性提高，支持各种分布式发电与储能设备的即插即用，支持与用户之间的互动。

同时智能电网的概念也涵盖提高电网科技含量、提高能源综合利用效率、提高电网供电可靠性、促进节能减排、促进新能源利用、促进资源优化配置等内容，是一项社会联动的系统工程，最终实现电网效益和社会效益的最大化，代表着未来发展方向。智能电网以包括发电、输电、配电、储能和用电的电力系统为对象，应用数字信息技术和自动控制技术，实现从发电到用电所有环节信息的双向交流，系统地优化电力的生产、输送和使用。未来的智能电网应该是一个自愈、安全、经济、清洁并且能够适应数字时代的优质电力网络。

1.1.2　智能电网的特征

智能电网与传统电网相比具有以下特征。

1. 良好的自愈能力

"自愈"即电网在遇到问题时，能够自动把有问题的元件从系统中分离出来，而且能够在没有人为干预或极少进行人为干预的情况下，使电力系统快速恢复正常的运行状态。智能电网可预测元件可能出现的问题，并可以立即通过自身的"免疫系统"进行抵制或者纠正，尽可能地减少供电中断情况发生，从而确保供电的可靠性、安全性，保证良好的电能质量。

2. 资产优化管理

发展智能电网可以优化电网资产运行、资产管理，能够实现"低成本、高效益"。通过新技术进行产业优化，从而将资产进行良好的整合，以最低的成本发挥最大效益。资产优化管理的关键在于将可视化技术和通信网络、电力监视系统和控制器件集成为统一的系统。未来电力系统能够经济运行的关键一环是分时计费、削峰填谷，这样才能够使用电尽量平稳。

3. 兼容分布电源的接入

改进的互联标准能够更加容易地将不同的储能系统和发电系统接入，不同容量的储能和发电系统在不同的电压等级上可以实现互联，打破传统的单一发电模式。

4. 与用户良好互动

用户是电力系统中重要的一部分，发展智能电网应该让用户融入电力系统的管理以及运行中，用户的消费可以根据自身的电力需求以及电力系统的满足能力进行灵活调整，用户的需求作为一种可管理资源，可用来调整和平衡供求关系，从而确保电力系统的可靠运行。同时，智能电网能够自动通知用户停电信息、电价信息、消费信息以及电网状况等一系列信息，这种灵活性的互动使用户能根据智能电网所提供的信息来制定适合自己的电力使用方案。

5. 经济高效

在智能电网中，先进的通信系统以及设备是电力市场快速发展的重要因素。智能电网能够进行有效管理，如控制容量变化率、容量、潮流阻塞等参量，满足市场的需求，汇聚更多的卖家和买家，从而带来更高的经济效益[1,2]。

1.1.3 智能电网的背景以及发展现状

国内外对智能电网的理解和建设背景是有差异的。电力行业作为社会基础产业，是国家发展的命脉产业之一。电网建设与国家能源资源结构、产业布局、经济发展规划及相关政策密切相关，也与国家的能源资源条件、能源资源输入可能性、国家能源战略安全等密切相关。

国外发达国家的电力工业相对成熟。输电网架构变小，电网发展趋于平稳，电力需求趋于饱和，电力供给以及冗余储备充足，供需平衡。出于对利益的需求和市场效益的最大化，从国外发达国家对智能电网的研究看，其侧重建立一个高效、安全、环保、灵活的智能电力系统，更多地从市场、安全、电能质量、环境等方面出发，从用户端的角度来看待智能电网，更多地强调信息与电网的结合以及基于大量信息的业务重整。尤其是欧美发达国家及地区所倡导的智能电网，更关注分布式电源和客户端的接入、信息的获取与传输及其之上的高级功能与业务应用。但随之带来的巨额投资和技术的不确定性，将是一个巨大的挑战。

我国对智能电网的研究与讨论起步相对较晚，但在具体的智能电网技术研发与应用方面基本与世界先进水平同步。我国地区级以上电网都实现了调度自动化，35kV 以上变电站基本都实现了变电站综合自动化，有 200 多个地级城市开展了配电自动化建设。广域相量测量系统的研发与应用都有突破性进展。国家电网公司提出"建设坚强的智能化电网"，极大地推动了我国智能电网研究的开展。我国智能电网的建设，不仅要涵盖欧美智能电网的概念和范围，还要加强骨干网的建设，即建立一个以特高压电网为骨干网架、各级电网高度协调发展的智能电网。通过集成新能源、新材料、新设备和先进传感技术、信息技术、控制技术、储能技术等新技术，形成的新一代电力系统，具有高度信息化、自动化、互动化等特征，可以更好地实现电网安全、可靠、经济、高效运行[3-5]。

随着智能电网关键技术的日益成熟，在电网的运行及控制方面，我国具有"统一调度"的社会主义体制优势和深厚的运行、维护技术积累，电网的调度能力及水准已达到国际一流水平。在发电环节能够将水能、潮汐能、风能及太阳能等可循环使用的可再生能源发电站连接并入传统的电网系统之中，在输电环节拥有超高压和特高压的直流、交流输电技术，在变电环节拥有以智能自动化、集成化、数字信息化为特点且处于国际领先地位的智能变电站，在配用电环节掌握了配电自动化系统技术、分布式电源接入与微电网技术等。2011 年 7 月，坐落于上海南汇的柔性直流输电工程项目完成建设并正式开始运营；2013 年 7 月，"德令哈 50MW 塔式太阳能热发电站一期 10MW 工程"并入青海电网，这是中国首座大规模应用的太阳能发电站，标志着中国自主研发的太阳能光热发电技术向商业化运行迈出坚实步伐，填补了中国没有太阳能光热电站并网发电的空白，为中国建设并发展大规模应用的商业化太阳能光热发电站提供了强力的技术支撑与示范引领；2014 年 7 月，位于浙江舟山的五端柔性直流输电工程项目完成建设并投入使用，这标志着中国在柔性直流输电技术领域的又一大突破；2015 年 12 月，厦门±320kV 柔性直流输电示范工程正式投入运营，标志着中国在高压大容量直流输电技术上处于世界一流水平；2019 年，国家电网辽宁电力有限公司围绕电网运行各个环节万物互联，制定多类型能源的实时协同控制策略，建立以水火电调节为主、电蓄热和电储能为辅、风光紧急调节的多能源协同发电控制系统。

世界各国的智能电网发展方向不尽相同，美国由于本国的能源消费量大，智能电网的建设注重对电力基础设施的升级改造和信息化建设。美国电力主干网对维持美国电能的持续稳定供应具有重要的现实意义。通过设备升级，进一步提高电网的输送能力，解决部分节点的阻塞问题。同时通过进行配套高速通信网络建设提高电力系统调度和管理水平。欧洲国家侧重进行智能电网的大规模风电并网研究。欧洲大多数国家的能源资源匮乏，智能电网建设必将进一步对欧洲新能源产业和技术的发展带来机遇。北欧濒临海域的优势使得在北欧地区建设大规模风电场成为可能，因此北欧国家侧重于进行大规模海上风电的并网消纳研究。日本侧重于进行分布式能源和微电网的研究，从而解决该国突出的能源供需矛盾。我国近年来不断加快特高压电网的建设，1000kV 特高压交流和 800kV 特高压直流输电线路的建设使得我国电力系统的基本网架初步形成，使远距离大规模跨区域输电成为可能。同时，我国不断加快能源信息网建设，提高电力系统的信息化水平。加快研发电动汽车，进一步促进工业企业的电气化改造，促进企业提高电气化水平。近年来，我国放缓火电建设，不断增加储能设施的建设为新能源上网创造有利条件，促进了我国智能电网建设不断完善。

1.1.4　智能电网的发展趋势

随着各领域新技术的快速发展，智能电网在发展建设过程中也遇到了一些新的挑战和新的机遇，为智能电网建设带来了新的内涵。

（1）新能源：为应对全球变暖和实现可持续发展，迫切需要发展可再生能源发电。可再生能源发电的大量并网将给电网运行、管理带来新的挑战：一方面，可再生能源发电的间歇性、随机性特点，给电网功率平衡、运行控制带来困难；另一方面，分布式能源的深度渗透使配电网由功率单向流动的无源网络变为功率双向流动的有源网络。

（2）新用户：随着电动汽车的快速发展，电动汽车充电容量需求十分客观，为更好地对需求侧进行管理（如削峰填谷），用电管理可以采用新的模式。例如，电动汽车充电可以由传统的在设备接通时用电，变为充电时间可选的互动式用电。

（3）新要求：新设备新场景的出现对用电质量提出更高的要求。一方面，一些高科技数字设备要求供电的"零中断"。另一方面，从电网运营角度对资产利用效率的要求也在逐步提高，如提高设备利用率、降低容载比、减少线损等，需要对电网的负荷与供电进行更精确的调整[6]。

同时智能电网被看成一个不断演变的生态系统，新技术的发展，政策、市场机制的调整及标准的形成都将对智能电网的发展产生较大的影响。

（1）智能电网的概念正在得到不断扩展。在智能电网的基础上，智能能源系统、智能社区、智能城市等新概念被提出，将能源系统从电力扩展到水、油、气，将智能化从能源系统扩展到医疗、交通、安防等方面。此外，美国通用电气（General Electric，GE）公司提出的工业互联网，将智能化的机器、人脑和网络联系在一起，也与智能电网有着密切的联系。

（2）信息通信技术和新能源技术的发展及其融合对智能电网的发展有着最重要的影响。当前，物联网技术、云计算和大数据技术在智能电网的应用，已受到全球范围的广泛重视。物联网、云计算的研究已有一定基础，大数据理论尚不完善，学术流派正在形成，大数据在智能电网中的应用前景被看好，深入系统的研究正在开展。

（3）储能技术的突破对电动汽车的发展有着重要影响，而储能技术和电动汽车的大规模应用又将对智能电网的形态产生很大的影响。2009 年以来，中国、欧美国家、日本都加大了储能技术的研究力度，特别是对低成本、大容量、长寿命、高效率电池的研究。

（4）欧美国家近期的工作重点在于通过智能化技术的应用，在尽量减缓投资的情况下，应对新能源并网带来的挑战。对于中远期（2030～2050 年）的电网发展的研究工作也已启动，欧盟提出超级电网的设想，启动了欧洲与北非能源数据映射体系的建设工作，为与北非相连形成超级电网展开前期研究。美国风能协会于 2008 年提出通过直流"背靠背"方式将全美交流 765kV 电网互联，形成超级电网；美国得克萨斯州提出采用多端直流技术及高温超导输电技术实现东西部电网互联。我国国家电网公司提出采用特高压输电技术形成洲际联网的设想，并进行了初步的技术经济分析。为实现未来超级电网、洲际联网的发展目标，特高压输电技术、超导输电技术或其他新的输电技术或将得到大规模的发展和应用，电网的规模和形态也将发生重大的改变[7]。

1.1.5　智能电网的关键技术

1. 分布式发电技术

分布式发电实际上就是一种简单且基础的创新发电模式，在实际发电期间可以将不同模块组合在一起，在一系列作用下完成发电，在此过程中，发电功率也面临着严格的要求。从我国部分地区应用情况来看，分布式发电技术还需要分析当地的实际情况，调整其发电功率，确保其在合理范围内，这样才可以使实际发电需求得到满足。

除此之外，分布式发电技术的优点有很多，最主要的就是能够整合不同的模块，从根本上提高发电效率。在分布式发电模式具体构建过程中，必须要贴合当地实际情况，在此基础上制定出科学合理的安装方案。并且分布式发电技术可以利用自行控制的手段，为不同用户提供多样化的供电设备，实现同步使用，合理控制并协调电量。在实际调控期间，多余的电量还可以通过系统进行二次利用。另外，分布式发电的发电能源采用的是新能源，也就是说，分布式发电技术是绿色能源技术应用的重要体现。

2. 配电网自愈控制技术

智能配电网自愈控制可以通过先进的数学和控制理论，构建起配电网在故障扰动区和检修维护区的自动判定算法，在经济评价、用户服务评价以及稳定性评价等相关指标体系下，对配电网的实际运行状态进行评定，并预测可能出现的各种隐患。随后针对相应区域执行控制方案，以此来帮助配电网实现优化运行，实现自愈控制的目的，最终满足清洁环保、灵活互动的供电要求。另外，要想实现配电网自愈与优化控制，则必须要符合以下几点要求。

（1）要具备不同种类的智能化开关设备和智能化配电终端设备。配电网中的智能化开关具备较强的性能，同时还具有在线监测、功能自适应、自我诊断以及免维护等功能，可以提供高效的网络远程接口。而配电终端设备具有自我检测与识别功能，能够持续提供电源，满足户外工作环境和电磁兼容性的各种要求，在此基础上也能够支持不同的通信方式与协议，而且本身就拥有远程维护和自我诊断功能。

（2）智能配电网要实现彼此互相联系的供电模式，在网络环境中要兼容分布式发电，并可以灵活调度，网架结构还要具有可靠性和灵活性，不仅可以在正常运行下对结构进行优化，还要能够在故障控制中进行快速重构。

（3）要具备可靠的通信网络。智能配电网优化功能与自愈功能都是通过控制并调配中心后台，实现连续分析和远程遥控。要求配电通信网络必须要安全可靠。同时，通信速度也要更快，对信息处理的能力也要适当加强。

3. 智能电网数据仓库技术

在智能电网环境中，电力数据通常都不集中，而且数据类型较多。如何从这些海量数据中提取出更有价值的信息，为电网稳定运行提供更好的决策要求，是智能配电网实现智能化的重要条件。在数据处理过程中，电力企业通常会用到数据 ETL（extract-transform-load，抽取-转换-加载）技术，具体包括三方面。

（1）数据抽取，主要是从系统数据源中抽取出有价值的数据信息。

（2）数据转换，将抽取之后的数据信息作为主要目标，根据相关要求完成转换，将数据转化为另一种形式。在此期间，需要对数据源中出现的错误数据进行有效处理，做好数据加工。

（3）数据加载，在数据完成清洗和加工之后，需要对其进行加载处理，随后保存于数据源系统当中，也就是对数据进行科学集成化处理，为智能配电网的稳定运行提供可靠支持。

4. 配电自动化技术

配电自动化技术能够综合分析一定范围内的用电水平，同时，还能够使区域范围内的电网规划更加合理。所以，在此技术应用过程中，需要全面分析城市配电网络的运行管理模式，对服务内容进行合理优化，在用户基本用电需求得到满足的基础上，最大限度地优化智能配电网技术，以此来达到电网建设规划的标准，使智能化配电网技术能够体现出合理性和科学性。此外，在技术方案制定过程中，还要改进并适当调节电力系统，构建长效科学的机制，要在配电主站的基础上，结合配电通信系统，建立起相关的网络模型。以此来远程操控配电网，使其技术所传递出来的信息更加真实可靠。

配电子站的主要作用是完成信息的汇集和转发，属于配电网自动化的中间层，主要负责电量信息的上传下达。配电终端可以直接安装于用户终端配电设备当中。通信网络能够根据不同区域所采用的组网方案，配合骨干通信网络所采用的双电源和双路由，来满足信息可靠性的基本要求。

5. 配电网仿真与模拟技术

配电网仿真与模拟技术是配电网实现自愈的关键工具，它主要包括自适应保护、故障定位以及无功控制等功能。仿真工具包括配电网状态评估、电网动态安全评估以及负荷预测等，建模工具用来建立设备模型、负荷模型以及发电模型等。配电网仿真与模拟技术可以在实时软件平台的基础上，利用数学分析工具和预测技术，结合配电网本身的物理结构和运行状态，对配电网的精确状态进行优化，提前预测配电网中包含的潜在事件，为系统运行人员提供最佳的决策服务，最终实现配电网自愈。

6. 电动汽车充换电技术

随着城市化发展进程不断加快，越来越多的人开始重视环境污染和能源节约问题。为了能够起到净化空气的作用，提高人民群众日常生活质量，对生态环境进行科学治理，汽车行业在不断进步，生产模式也在不断升级。在如今发展过程中，很多城市都在推行汽车改造，在技术升级和改装之后，电动汽车的性能得到了明显提升，用户对其经济效益也给予了高度认可。

伴随着电动汽车数量的不断增加，必然会带来较大的用电负荷。与此同时，电动汽车拥有十分广阔的未来发展前景。在大规模增长背后，也对城市配电网络规划提出更加严格的要求，智能配电网在降低配电网用电负荷量的基础上，还会引起其他方面的质量问题。所以要高度重视，确保配电网的运行质量能够得到稳定提升，从而为我国配电网建设奠定良好的基础。

7. 高级测量体系技术

高级测量体系（advanced metering infrastructure，AMI）属于自动抄表（automatic meter reading，AMR）系统的升级延伸，不仅包含了 AMR 系统的所有功能，也拥有很多高级别的应用，具体包含以下几方面。

（1）该技术可以实现测量数据的双向通信，用于停电报告、通信服务连接与切断以及在线读取等先进功能。

（2）该技术可以使测量点在 AMI 网络上完成自主登记与注册。而且在网络通信出现问题之后，AMI 网络可以自动完成重构，以此在最短的时间内恢复通信能力。

（3）AMI 与电力公司的清算系统和其他高级应用系统可以实现内部互联。最典型的 AMI 由智能表计、回程传输单元以及量测数据管理系统构成。将

AMI 与配电网管理系统结合在一起，可以有效提高电网运行效率，对现有的资源实现优化配置[8]。

1.1.6　建设智能电网的作用与意义

智能电网是一种由计算机信息系统和电力基础设施组成的新型现代化电网。其将先进的传感技术、信息通信技术、分析决策技术、自动控制技术与能源电力技术以及电网基础设施进行全面集成。智能电网通过收集电网侧的电力供应信息与用户侧的电力需求信息，调整电力生产与输配，调节家庭及企业用户能耗，以达到节约能源、降低损耗、增强电网可靠性等多重目的[9]。

尽管世界各国推进智能电网侧重点不同，但世界各国在建设智能电网的战略意义层面达成了共识。应对气候环境问题，解决能源资源短缺和保障能源供应，促进新能源的有效开发，建设智能电网具有重要的现实意义。当前电力行业发展不平衡，新能源电力开发不足，很大原因是没有配套的坚强智能电网解决新能源电力的消纳问题。通过智能电网的建设将有效提高新能源电力的开发力度。同时，智能电网也为小规模的微电网建设提供了思路，实现微电网智能调度和实时监测。将微电网与电网主网相连，既促进微电网的供电可靠性，也可将微电网多余的发电量送往电力主网。通过智能电网能够实时监测各节点的电能流向，保障各条输电线路充分利用并且避免部分节点潮流过大。此外，推动智能电网建设促进了电力行业产业升级和更新换代，成为能源发展的新引擎。

从国家和地方层面看，智能电网让电力用户能够监控和管理其自身能源使用状况，有助于降低社会整体的能源消耗，推动节能减排。从电力企业角度看，智能电网实现了分时定价和阶梯电价，从而有助于电网调峰和电网规划，支撑更具可塑性的能源管理。智能电网还可以加强能源传输管理，提高对控制系统故障和网络或物理攻击后的恢复能力。中国、美国、欧盟、加拿大等世界主要经济体均发起了建设智能电网的倡议，并基本完成了本国本地区的智能电网建设[10]。

1.2　新基建与智能电网的关系

新基建的提出，为传统电网的转型发展提供了一个很好的契机。通过新技术的应用，带动整个电力系统效率和效益的提升，对负荷特性的优化调整、新能源高效消纳以及电力系统的高质量发展来说意义重大。新基建所关注的七大领域建设都离不开电网企业的支持与配套，也会对电力消费产生一定的刺激作用。其中，与电网企业直接相关的就是特高压与新能源汽车充电桩领域。

特高压项目建设将有助于更高质量连通我国西北部产电与中东部用电的错位需求，推动偏远地区清洁能源的开发与利用，同时提高我国电网运行的灵活性、可靠性。充电桩是新能源汽车发展的关键因素，是推动我国建设创新型国家和环境友好型社会的重要一环。作为充电桩的参与建设者和服务提供者，电网企业在这一领域任务艰巨，但发展潜力巨大。充电桩建设将在丰富业务销售场景的同时，通过以电代油进一步提高终端消费电气化水平。新基建的发展让人们对电网企业充满期待。未来，电网企业应不断升级完善特高压等重要基础设施的建设，大大提升我国电网的输送能力，提高社会运行效率，支撑经济社会高质量发展。

1.2.1　新基建的定义

新型基础设施主要包括三方面内容。

（1）信息基础设施，主要指基于新一代信息技术演化生成的基础设施。例如，以 5G、物联网、工业互联网、卫星互联网为代表的通信网络基础设施，以人工智能、云计算、区块链等为代表的新技术基础设施，以数据中心、智能计算中心为代表的算力基础设施等。

（2）融合基础设施，主要指深度应用互联网、大数据、人工智能等技术，支撑传统基础设施转型升级，进而形成融合基础设施，如智能交通基础设施、智慧能源基础设施等。

（3）创新基础设施，主要指支撑科学研究、技术开发、产品研制的具有公益属性的基础设施，如重大的科技基础设施、科学教育基础设施、产业技术革新基础设施等。

新基建包括 5G 基站、特高压、城际高速铁路和城际轨道交通、新能源汽车和充电桩、大数据中心、人工智能和工业互联网等七个领域。依靠新基建，电力行业信息化、数字化、智能化发展水平将快速提升，行业创新力、竞争力和抗风险能力将持续增强。同时，新基建各个领域必将催生出用电新业态，激发出更多未来用电增长的新动能。新基建还将有力促进电力企业转型升级，开辟新的经济增长点[11]。

1.2.2　5G 与智能电网的关系

5G 为电网智能化带来曙光。电力是我国能源领域的基础行业，是关系国计民生的重要领域。电网智能化是国家能源战略的核心支撑，而电力通信网是电网智能化的核心，是电网调度自动化、电网运营市场化和电网管理信息化的基础，是确保电网安全、稳定、经济运行的重要手段。

5G 优越的网络性能契合智能电网发展需求，为其提供全新的解决方案。智能电网作为典型的垂直行业的代表对通信网络提出新的挑战。电网业务的多样性需要一个功能灵活可编排的网络，高可靠性的要求需要隔离的网络，毫秒级超低时延的要求需要极致能力的网络。第四代移动通信技术 (4th generation mobile communication technology，4G)轻载情况下的理想时延只能达到 40ms 左右，无法满足电网控制类业务毫秒级的时延要求。同时 4G 所有业务都运行在同一个网络里，业务直接相互影响，无法满足电网关键业务隔离的要求。最后，4G 对所有的业务提供相同的网络功能，无法匹配电网多样化业务需求。在此背景下，5G 推出网络切片来应对垂直行业多样化网络连接需求。作为新一轮移动通信技术发展方向，5G 把人与人的连接拓展到万物互联，为智能电网发展提供一种更优的无线解决方案。5G 时代不仅能给我们带来超高带宽、超低时延以及超大规模连接的用户体验，其丰富的垂直行业应用将为移动网络带来更多样化的业务需求，尤其是网络切片、能力开放两大创新功能的应用，将改变传统业务运营方式和作业模式，为电力行业用户打造定制化的"行业专网"服务，可更好地满足电网业务差异化需求，进一步提升电网企业对自身业务的自主可控能力和运营效率[12]。

1.2.3　大数据与智能电网的关系

随着社会科技的进步，电力大数据技术不断发展，电力系统的稳定性不断提高，因而大数据技术得到广泛的应用。电力大数据的处理技术朝着可视化的方向发展，使电力数据展示的方式变得更加多样，这也对电力系统提出了更高的要求。

在智能电网的建设中，各个电力企业关注的重点就是谐波。电力系统内部各种类型的测量仪器都会受到谐波的影响从而产生误差，因此谐波会影响整个电力系统的运行。产生谐波的原因有很多，例如，系统在输电过程中会产生微小的谐波分量，另外一些电力设备也会产生谐波，部分高次谐波分量甚至会对设备的使用造成危害。电力大数据技术可以依据谐波数据分析其产生的原因，预测谐波对电力系统造成的风险，进而为谐波治理提供更加切实可靠的依据。

在开源数据库中，一般引入 MySQL 数据库对谐波监测数据进行存储来实现数据资源的共享，并通过划分相关元件和参数，将有功、无功的基波与谐波存储在一个表中，更有利于对数据的查询与提取。MySQL 还能够计算基波和谐波的电流，并根据计算出来的电流生成相应的谐波含量。

在完成谐波数据的存储与计算后，需要对谐波进行风险评估，可进一步保证电力系统的安全性。在评估电力数据谐波风险的过程中，需要将谐波代入预测模型中，一般使用差分自回归移动平均(autoregressive integrated moving average，ARIMA)模型。在使用该模型时要先进行训练，然后根据谐波数据预测谐波未来的变化趋势，为谐波的治理提供保障。

电力大数据的数据分析技术在多个层面得到了应用，其中的分层处理与混合存储技术为构建多功能的信息化管理提供了技术支持，提高了电力信息的收集与存储能力，同时还能够根据实际业务需求，利用分层处理技术来实现电力系统之间的关联，确保数据之间能够进行信息共享。云计算、结构化查询语言(structured query language，SQL)技术可以对数据进行实时的分析与计算，极大提升了大数据的处理效率，扩大了数据存储容量[13]。

目前我国智能电网发展迅速，人们的日常生活变得更便利，生活质量得到很大提升，但还是会出现电网故障。电网大规模的停电，会给人们的生活和经济带来很大的影响，这种大规模的停电现象，往往是电路中某一元件发生事故而没有得到及时控制造成的。以运行数据、电网拓扑等为数据基础，通过算法模型层以及业务逻辑推理分析，建设一种能够有效保护大数据关键节点和薄弱环节的智能电网。对接智能电网优化需求响应，也就是通过将能源生产、消费数据与内部智能设备、客户信息、电力运行等数据结合，充分挖掘客户行为特征，提高能源需求预测准确性，发现电力消费规律，提升企业运营效率效益。

1.2.4　人工智能与智能电网的关系

人工智能是研究并开发用于模拟人类行为模式的理论技术与应用的一门科学技术。当前，在无人驾驶技术、无人机技术、智能手机、智能医学以及数字逻辑运算等方面，人工智能技术都已经有所进步并取得了一定的成就。同时，人工智能的许多功能为电网的智能发展提供了技术支持与稳固保障。

人工智能在长期的发展过程中有三个主要研究方法，即功能模拟法、结构模拟法和行为模拟法。目前，在人工智能研究方面主要有如下内容：①将人工智能作为一种神经网络技术进行研究；②通过一些功能仿真模拟训练手段实现人工智能功能的拓展，如智能语音搜索、专家管理系统以及机器之间的博弈等；③对人的行为进行模拟，如比较热门的智能机器人。

从广义的角度来讲，可以使用数学和逻辑计算的方式，给生产生活提供服务和工具的技术称为人工智能技术；从狭义的角度来讲，制造出机器人来代替人类手工操作进行生产工作的技术称为人工智能技术。社会对人工智能技术的定义在不断变化，当今的人工智能技术不仅由计算机技术组成，还融合了人文社科、艺术等诸多领域的内容，综合性较强，且涉及的技术领域较为复杂。

未来电网的发展趋势将会以国家电网设施为基础，将人工智能信息化技术与电网系统有机结合起来，从而构建新型的智能化电网。人工智能主要通过内部计算平台得到的庞大数据和比较前沿的智能管理算法技术，有效管理电力网络。国家已经出台了一系列与智能电网相关的法律法规和行业标准来规范现有的以及未来的智能电网系统运作，以保证智能电网的大规模应用具有一套完整的规章制度以进行模范化，增强智能电网的可实施性与专业性。

1.2.5　特高压与智能电网的关系

特高压电网智能化建设是我国智能电网、现代化电网建设的重要内容，必须以坚强的网架结构为基础，以智能控制和信息通信平台为技术支撑，协调处理好发电、输电、配电、变电、用电和调度等各个电力供应运作环节，集能量流、业务流和信息流于一体，进而建设成经济高效、透明开放、清洁环保、坚强可靠的电网。当前，智能电网建设已经成为世界电力发展的必然趋势，我国智能电网建设要以特高压电网智能化为建设关键点，充分发挥其在国家智能电网中的主力支撑作用。

随着我国未来电力需求的迅猛增长，加快建设由 1000kV 交流和 ±800kV 直流构成的国家电网特高压骨干网架已经成为必然的发展趋势。特高压智能电网具备容量大、距离远、损耗低、送电能力强等优势，不仅能够保障我国未来电力供应、满足用户用电增长需求，还能够通过优化配置能源资源，提高煤电、水电基地的大规模电力外送能力，降低煤炭能源消耗，促进我国低碳经济发展。建设特高压智能电网是提高电网可靠性、安全性的有效途径，也是协调各地区电源平衡、提高社会综合效益的重点建设内容，对于推动我国智能电网健康长远发展具有重要的战略意义。

1.2.6　工业互联网与智能电网的关系

工业互联网可以推动电力行业数字化转型。工业互联网是新一代信息技术与工业系统全方位深度融合所形成的产业和应用生态，是工业数字化转型、智能化发展的关键综合信息基础设施。企业在数字化转型中，正将数字化技术与业务场景深度融合，通过循序渐进、创新求变的过程，最终创造出新的商业模式，带来新的业务收入。数字化、信息化的更多应用，为新兴行业和传统行业的高质量发展提供路径。

电力作为最高效的能源形式，早已成为各行业发展的主要动力源。工业互联网平台将人、设备、生产、流程、信息化系统与整个工业体系连接起来，而新型传感、通信网络和计算技术的实现，无一不依赖着配电系统。所以唯有将电气化设备实现数字化，让其成为工业互联网中的一部分，才能在赋能行业的同时，高效优化能源效率、电能质量和电气数字资产管理。因此，工业互联网与不同行业结合，将衍生出更多的新场景、新业态。如果在统一物联网平台中接入所有电路保护控制设备，在组态、数字化、控制上进行建模，就可为后续运营和资产管理提供更高效率。随着工业互联网的发展，企业可以随时因市场所需完成配电系统快速改造、升级，这是开放的物联网平台给用户带来的巨大优势。因此，越复杂的配电系统越需要基于物联网，融合控制技术、云计算和大数据分析与服务等数字化技术，实现"全连接、全感知、全覆盖"，以主动高效维护、全方位地改善配电质量，保障不同类型用电设施、场所的安全稳定供电，进一步提高能效，这也是工业互联网平台上所有关联关键设备健康运行的关键所在。

电力行业工业互联网应用主要集中在设备资产健康管理、电厂管理、用电管理等场景。设备资产健康管理方面，发电企业通过工业互联网实现资产的智能运维和性能优化；电厂管理方面，发电企业主要借助工业互联网技术实现电厂的智能巡检和安全监控；用电管理方面，用电企业可借助工业互联网技术实现用电优化，节省电力成本。

1.3　新基建背景下智能电网的发展现状与发展规划

1.3.1　新基建背景下智能电网的发展现状

(1)智能电网示范区建设高质量推进，已基本建成高可靠性、"互联网+"

智慧能源等具有特色的示范区,深度融合"云大物移智"等技术,实现智能配电站的自动化、数字化、可视化,进一步降低设备故障率,优化资产利用率、提高运维质量和效率,同时适应多种能源灵活接入,提升服务互动能力。

(2)国家标准 GB/T 30155—2013《智能变电站技术导则》提出智能化、集成化、模块化的技术发展方向,推动智能变电站试点建设扎实落地。

(3)南方电网公司制定了基于智能技术与运维策略相融合的智能配电领域的《南方电网标准设计与典型造价(V3.0)　智能配电》,完善智能电网建设标准体系,全力推进智能配电示范工程建设,向全面加快智能电网建设迈出了关键一步,加快提升配电网智能化水平。

(4)国家电网公司全面推进数字电网平台建设,建成海南数字电网平台并上线运行,完成示范区云化展示,为数字电网建设提供重要示范和借鉴。同时在基建领域加强智慧工程推广应用,推动人工智能技术与基建业务深度融合,推进基建管控模式转变升级。国家电网公司坚定不移贯彻新发展理念,着眼于数字电网、智能电网的建设、运营、产业链整合和能源生态构建,为应对新基建挑战打下坚实的基础。

1.3.2　新基建背景下智能电网的发展规划

(1)加速推进三维数字化技术应用,开展输电线路小微传感示范及推广应用,推进智能变电站建设,提升主网架输变电智能化水平。

(2)强化智能配电网建设,全面推进智能配电站、智能开关站、智能台架变等建设,提升农配网智能化水平。

(3)促进人工智能与业务发展深度融合,推进基建智慧工程全面落地,支撑大型项目、主网项目、配电网项目管控应用,实现向新基建管控模式转变。

(4)提高创新能力,加快推进智能电网重大关键技术研究攻关,在智能输电、智能变电、智能配电、智能量测四大领域及融合 5G 通信方面取得突破,形成可复制可推广的创新成果。

(5)加速推进数字电网平台建设及应用,建立数字电网,筑牢大数据基础,支撑更多高级应用。

(6)全力提升特高压直流输电水平,打赢关键工程攻坚战,抢占世界特高压直流输电领域制高点,提升全球竞争力。

1.4 本 章 小 结

本章首先介绍了智能电网的定义及其发展现状及意义；然后讲述了新基建与智能电网之间的关系和影响；最后结合新基建与智能电网的发展现状讲述了新基建背景下智能电网未来的发展规划。

第 2 章　5G 应用下的智能电网

电力作为第二次工业革命以来最伟大的应用之一，对推动产业变革和社会发展发挥着不可替代的作用。从国家电网的角度来看，电网由两张网络构成，一张是传统意义上的电网，另一张是为了保证电网可靠运行，为其提供数据支持的信息通信网。在智能电网时代，信息通信网的作用日益显著。5G作为一种通用型技术，只有面向行业企业，应用到垂直领域，才能发挥其最大的价值。智能电网若要实现数字化转型，就需要 5G 赋能。二者结合各取所需，融合互补。

5G 作为目前先进的通信技术手段，以其大带宽、低时延、高可靠性、高连接、泛在网等诸多优势，将会在工业互联网时代发挥重要作用，智能电网也不例外，特别是网络切片技术的灵活应用，成为 5G 的关键能力之一。新能源技术的逐步发展，新能源发电随着季节、时区等诸多因素发生变化，对电网的输送电、退网等提出越来越高的响应要求。目前国家电网公司在特高压交直流电网的建设已经接近尾声，大电网的柔性互联在未来相当长的时间内也是常态。目前"云大物移智"等通信信息技术已经逐渐在电网中应用，随着智能电网技术的进一步发展，通信信息技术会与电网系统深度融合在一起。自 5G 概念提出以来，因其与电力的紧密联系而被业内人士关注。国家电网公司明确提出建设"三型两网"，5G 在电力行业各领域的应用逐步显现，其技术特性、电能需求、应用领域等正在改变和影响着电力生产运营模式[14]。

2.1　5G 关键技术

2.1.1　5G 电力专网技术

随着时代的发展，电力行业对电力无线专网的需求日益增加。业务需求爆发式增长、公网安全性有待增加、光缆建设成本高、各专业分散建设。电力无线专网是一种重要的终端通信接入网通信方式。我国特高压交直流电网发展迅速，导致风电和光伏等新能源大量并网，远距离跨区输电规模持续增长，特别是在电网"强直弱交"的过渡期内，一旦特高压直流闭锁或交流电网故障，受端电网必须在200ms内切除大量负荷才能保证电网稳定。但传统的电网稳定控制技术只能直接切除变电站馈线，这将导致许多工厂和居民小区直接停电，会对停电地区的居民生活和社会生产带来影响，产生巨大的经济损失，因此对电力无线专网的建设就尤为重要。

未来电网的发展方向是智能电网，也是国家的发展战略。国家电网公司的战略目标是成为具有中国特色国际领先的能源互联网企业。智能电网发展的基础是通信网，而无线专网是智能电网通信的必然选择。信息系统是电力企业的"神经中枢"，安全先进的综合通信平台建设是智能电网的有力支撑。随着智能电网建设的开展，电力业务对安全性、可靠性的需求不断提高，电力无线专网受到越来越多的关注。发展电力无线专网是必然选择。

目前智能电网采用光纤方式部署，有传输能力强的绝对优势。但从施工维度来说，它的部署难度大，而电力无线专网的部署相对简单、行业前景极佳，电力无线专网具有如下两方面优势。

(1)承载业务丰富。电力无线专网可以承载诸多业务，无线专网能广泛应用于从发电、输电、配电到用电以及应急通信等整个智能电网业务环节中。发电环节可以应用在传统火电领域以及光伏、风电、核电等新能源领域。变电站涉及很多的业务，包括设备监控、智能巡检、智能对讲。输电环节主要用于巡检业务，采用应急通信车配合无人机、对讲机的方式在偏僻危险的地方得到了很好的应用，对巡检人员来说安全性得到了保障而且效率得到了提高。配电环节和用电包括抄表、智能开关、智能家居、台变监控或者分布式能源类终端、数据的采集等。

(2)安全可靠。电力无线专网部分解决了可靠性问题，提升了电网运行效率。而且电力无线专网的建设也为电力通信打开了市场，解决了诸多制约配电环节的问题，所以电力无线专网具有可靠性、实时性和双向性的特点。电力无线专网的建设和运营对于配用电网来说可谓恰逢其时。

无线专网匹配专业发展需求为多场景一张网，要求网络更安全、更可靠，并且有5G、人工智能(AI)+云的技术应用。无线专网网络与公网有共性和差异性。共性为：覆盖、容量、质量以及成本的平衡。差异性为：公网为手机用户，网络优化关注点为用户感知；无线专网大部分为物与物的连接，用来控制、关注的是效率、质量和智能，优化的重点为安全性、时延以及可靠性。因此，电力无线专网应从以下几个方面进行优化。

(1)业务终端在线率优化。用采业务和配变电监测业务在线率偏低，需

要对由信号问题导致的业务终端不在线进行网络优化。根据维护单位摸排情
况，按照业务接入标准统计，通过射频优化、工参调整、参数优化和延伸覆
盖等手段，制定切实可行的网络优化方案，提升终端在线率。优先考虑离线
业务终端集中的地方，实时跟踪优化后终端上线情况以及终端周边专网覆盖
情况。

（2）居民小区网络优化。围绕业务终端在线指标，以居民小区为单位，结
合维护单位摸排数据、路测（drive test，DT）数据，对覆盖不足的居民小区
的覆盖情况进行分类排序，按照优先级进行网络优化。加强小区内部信号
测试及环境勘察，制定针对性的优化解决方案。通过对居民小区的优化，
交付满足覆盖要求的居民小区，以点带面，提供稳定的终端在线接入能力，
为后续布放业务终端提供网络支撑。居民小区业务终端离线问题优化，目前
大部分终端安装在居民区内，对居民区的 DT 更贴切于终端本身，根据维护
单位提供的终端台账信息梳理出需优化居民小区，滚动推进居民小区测试
及优化调整。

（3）配电自动化终端的优化。根据维护单位现场摸排出专网信号覆盖弱的
业务终端清单，通过优化手段（如天馈系统调整、参数调整）解决专网覆盖及
信号质量问题，提高配电业务终端上线率。

（4）上行干扰排查。在日常的终端优化过程中，发现由上行干扰原因导致
的终端缺陷较多，尤其对小区覆盖的边缘终端影响较大。以高干扰小区定义
阈值为依据，筛选高频次干扰小区数，需根据干扰影响终端数，优先对干扰
电平 $\geqslant -95\text{dBm}$ 的强干扰小区进行排查分析。

（5）簇优化。根据电力专网优化管理细则，每年完成一次全网簇优化测试
及调整。对区域内的簇完成测试评估调整，分析梳理问题点，提出相应参数
调整等合理性方案。

电力无线专网就像移动通信一样，电力企业自己建基站，是专属于企业
自己的无线网络。无线专网通信技术不仅在网络部署、投资成本、用电侧覆
盖、后期扩容维护这几个方面完胜有线通信技术，还弥补了无线公网话务拥
塞、剩余容量小、安全性低的不足，具有专网专用、容量大、接通率高、安
全性高的特性。显然，一张专为电网设备量身定制的无线通信专用网络，让
"电力大数据"的传输变得更加安全和高效。对于 5G 公网，运营商和网络
厂家需要更加自动化和智能化的手段来降低 5G 网络的部署和运营成本，更
关注用户体验，提供更优质的网络。5G 专网体现在 5G 与行业的融合创新，
实现 5G 网络的自动化、自优化以及自治功能。5G 专网未来服务需求会爆发

式增长，更需要提前预测网络情况，快速解决问题，从被动式的开环运维到主动式、端到端的闭环运维，以满足用户对于网络稳定性、安全性的诉求，从面向客户的运维转变为面向业务与服务的运维，再转变为面向网络与设备的运维[15]。

2.1.2　5G 网络切片技术

5G 网络将支持大量来自垂直行业的多样化业务场景，如智能安防、高清视频、远程医疗、智能家居、自动驾驶和增强现实等，这些业务场景通常具有不同的通信需求，如在移动性、计费、安全、策略控制、时延和可靠性等方面要求各不相同。5G 被定义了三个主要应用场景：增强型移动宽带(enhanced mobile broad-band，eMBB)、大规模机器类通信(massive machine type communication，mMTC)、低时延高可靠通信(ultra-reliable & low-latency communication，uRLLC)。eMBB 利用新型多址、大规模多进多出和波束赋形等技术实现高带宽通信，能够在人口密集区为用户提供 1Gbit/s 的用户体验速率和 10Gbit/s 的峰值速率。mMTC 利用边缘计算和物联网等技术，不仅能够实现家用电器、医疗设备和移动智能终端等的万物互联，还能面向智能家居、智慧城市、共享单车、环境监测、物流追踪和森林防火等以传感器和数据采集为目标的应用场景。uRLLC 利用人工智能和大数据等技术，提供自动驾驶、远程控制和远程医疗手术等对时延和可靠性极其敏感的业务。传统移动通信网络主要用来服务单一的移动宽带业务，无法适应未来 5G 多样化的业务场景。如果为每种业务场景都建设一个专有的物理网络，必然会导致网络运维复杂、成本昂贵以及可扩展性差等问题。因此，为应对在一个物理网络上同时支持多种具有不同性能要求的业务场景，满足差异化服务对网络的不同需求，网络切片技术应运而生。通过网络切片技术，运营商可以根据不同用户的需求，将同一个物理网络基础设施上部切分为多个虚拟网络，满足 5G 多元化的业务需求。网络切片是实现业务快速上线和自动化运维的关键技术，是实现 5G 网络同时支持多种不同业务的核心技术。

1. 5G 网络切片简介

5G 核心网演进为支持分布式云化和服务化的架构后，网络切片作为一种可灵活按需组网的技术，成为 5G 网络的关键能力之一。利用虚拟化编排等技术，运营商将 5G 网络的计算资源、存储资源、传输网络带宽、网络功能资源和无线资源等按需进行专用分配或共享分配，在统一的基础设施上隔离出多个虚拟的端到端网络,为垂直行业用户提供端到端逻辑隔离的网络环境,满足差异化的业务特征及安全性需求。

5G 网络需要支持三个新的应用场景,不同应用场景的用户对 5G 网络有不同的功能(如优先级、计费、策略控制、安全、移动性等)和性能(如时延、可靠性、速率、吞吐量、连接密度等)要求,甚至希望为其提供专门服务。从功能的角度来看,最合乎逻辑的方法是构建一组专用网络,每个网络适用于一种类型的业务用户,这些专用网络将允许实现针对每个企业客户需求而定制的功能和网络操作。传统的移动网络仅使用物理节点构建,网络是静态配置的,只需满足"单租户应用环境"的需求,这种网络构建思想显然不是 5G 网络建设的目标。

随着云计算、软件定义网络(software defined network,SDN)、网络功能虚拟化(network function virtualization,NFV)等新技术以及网络构建新思路的出现,基于一个物理网络构建不同逻辑网络的思想应运而生,这种逻辑网络称为网络切片。5G 网络切片是网络服务模式的一种全新尝试,是 NFV 技术应用于 5G 网络的关键特征。利用 NFV 技术可将 5G 网络物理基础设施根据场景需求虚拟化为多个相互独立的虚拟网络切片,每个切片按照业务场景需求和话务模型进行网络功能的定制裁剪和相应的网络资源编排管理。一个网络切片实例可以视为一个实例化的 5G 端到端网络。在一个网络切片内,运营商可以进一步对虚拟资源进行灵活分割,按需创建子网络。

根据网络切片的构建理念,不难理解,网络切片并不仅限于为 eMBB、uRLLC、mMTC 三类应用场景服务,它还可以满足运营商更加灵活的定制服务需求,具体包括:①满足不同用户或者业务对网络服务质量的需求,这种切片可以称为服务质量切片;②满足不同种类业务场景对网络功能的需求,这种切片可以称为功能定制切片;③满足虚拟网络运营者或服务提供者需求,将网络资源划分为不同资源子集的切片,这种切片可以称为虚拟运营切片。

2. 5G 网络切片概念与架构

5G 网络切片的概念具有丰富的特征,一般来说,我们认为网络切片是面向租户,满足差异化服务水平协议(service level agreement,SLA),可独立进行生命周期管理的虚拟网络,是面向特定的业务需求,自动化按需构建相互隔离的网络实例。

不同的切片都基于同一个底层物理网络衍生而成,但是不同的切片互不干扰。每个切片都按照固定顺序的网络功能组成。网络切片架构由多个不同的模块组合而成。同时网络切片的基本构架在现有网络的基础上增加了切片管理、切片选择和虚拟化资源管理编排等模块。

(1)切片管理模块。在这个模块中需要完成商业交付、实例编排和运行管理三个功能。商业交付部分指的是当运营商得到切片需求方的商业订单后，需要根据订单的一些需求和参数进行设计，从而完成切片需求的交付。商业交付完成后就需要进行实例化编排，实例化编排首先需要将交付过程的切片参数和需求告知虚拟资源管理编排模块，然后虚拟资源管理编排模块会依据切片的需求生成一个网络切片实例。而运行管理部分主要负责这个实例化的切片在基础物理设施上的运行、资源管理以及动态监控等功能，并且针对切片初始设置错误或者不合理的情况进行切片更新。

(2)切片选择模块。切片选择模块顾名思义完成的就是为切片需求方选择合适切片的一个功能模块，这个模块主要是配合切片管理模块共同完成切片实例化。运营商在得到切片需求方的需求后，会将这些信息告知切片选择模块，让其为需求方选择切片模板，并根据当前的网络资源状况为其分配相应的虚拟资源。

(3)虚拟化资源管理编排模块。这个模块主要是在切片选择模块选择完切片模板并完成虚拟资源划分后开始发挥作用。它将切片的虚拟资源需求映射到实际的物理网络从而实现每个切片的端到端服务。而映射过程实际就是生成虚拟网络功能(virtual network feature, VNF)的过程，因此每一个网络切片也被称为一条 VNF 服务链。

网络切片其实就是把传统的物理网络分成一些彼此之间互不干扰的虚拟网络，这些切片为了各自的需求不断工作着。每个切片都承载着一种特定的业务，如果将现有网络的每个基础设施当成各种各样的积木，那切片就是利用不同的积木搭起来的不同网络。而网络切片对于现有移动通信来说最大的优势就是可以实现资源的特定分配，为每种业务提供专用的网络，从而提高资源的利用效率。

3. 5G 网络切片端到端架构

网络切片是端到端的，包含多个子域，并且涉及管理平面、控制平面和用户平面，其端到端架构示意图如图 2.1 所示。

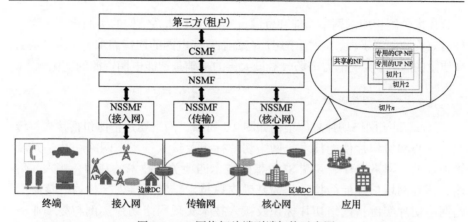

图 2.1　5G 网络切片端到端架构示意图

NF：网络功能；CP NF：控制平面网络功能；UP NF：用户平面网络功能；DC：双连接

端到端切片生命周期管理架构主要包括如下功能。

(1) 通信服务管理功能 (communication service management function, CSMF)：切片设计的入口。承接业务系统的需求，将其转化为端到端网络切片需求，并传递到网络切片管理处进行网络设计。

(2) 网络切片管理功能 (network slice management function, NSMF)：负责端到端的切片管理与设计。得到端到端网络切片需求后，产生一个切片的实例，根据各子域/子网的能力，进行分解和组合，将对子域/子网的部署需求传递到 NSSMF。同时，在网络切片生命周期过程中，需要核心网、传输和无线等多个子域/子网协同时，由 NSMF 进行。

(3) 网络切片子网管理功能 (network slice subnet management function, NSSMF)：负责子域/子网的切片管理与核心网设计，传输网和无线网有各自的 NSSMF。NSSMF 将子域/子网的能力上报给 NSMF，得到 NSMF 的分解部署需求后，实现子域/子网内的自治部署和使能，并在运行过程中，对子域/子网的切片网络进行管理和监控。通过 CSMF、NSMF 和 NSSMF 的分解与协同，完成端到端切片网络的设计和实例化部署[16]。

4. 5G 网络切片价值

通过 5G 网络切片，可以提供不同用例的网络即服务，支持运营商建立多个虚拟网络。通过网络切片可以动态、灵活地部署其应用和服务，满足多种业务需求。网络切片是一个端到端的复杂过程，它包括接入网元模块、核心网元模块和空白虚拟网元模块。针对不同业务对服务质量的要求，通过网络分片来分配相应的网络功能和资源，实现 5G 体系结构的实例化。作为一种有效资源配置手段，5G 网络切片在面临智能电网的连接需求时，能提供更高质量的服务。实现电力市场收益最大化的基础是智能电网资源的优化配置。

5. 5G 网络切片关键技术

5G 端到端网络切片总体架构如图 2.2 所示，网络切片整体包括接入、传输、核心网域切片使能技术，网络切片标识及接入技术，网络切片端到端管理技术，网络切片端到端 SLA 保障技术四项关键技术。其中，接入、传输、核心网域切片使能技术作为基础支撑技术，实现接入、传输、核心网的网络切片实例；网络切片标识及接入技术实现网络切片实例与终端业务类型的映射，并将终端注册至正确的网络切片实例；网络切片端到端管理技术实现端到端网络切片的编排与管理；网络切片端到端 SLA 保障技术可以对各域网络性能指标进行采集分析和准实时处理，保证系统性能满足用户的 SLA 需求。

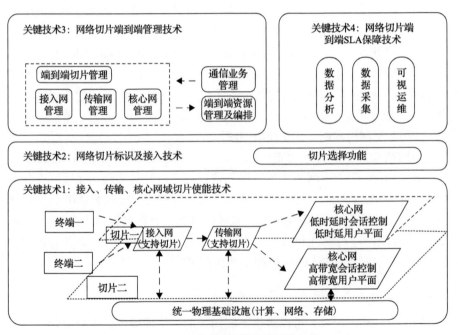

图 2.2　5G 端到端网络切片总体架构

1) 关键技术 1：接入、传输、核心网域切片使能技术

第三代合作伙伴计划(3rd generation partnership project，3GPP)标准定义

了切片总体架构，其满足资源保障、安全性、可靠性、可用性等多方面的隔离诉求。具体到各技术域，可以支持多种不同的资源隔离与共享方式，以适配不同等级的性能、功能以及隔离诉求。

(1) 接入网：接入网自身技术特征所产生的关联需求决定了其对网络切片的支持方式，如接入网使用的稀缺资源 (如空口频谱资源)，在网络切片技术中要考虑其资源使用效率需求。接入网侧主要是支持对切片的感知、基于切片的路由、资源隔离，并支持基于切片的灵活资源调度。

(2) 传输网：传输网对于网络切片的支持立足于解决各种垂直行业的服务质量 (quality of service，QoS) 差异、隔离性以及灵活性需求。传输网天生就是基于网络资源层面切片实现的。例如，针对切片网络的时延和抖动要求有一定弹性，若要求不严格 (如 10ms 以内)，则可以考虑使用虚拟局域网 (virtual local area network，VLAN) 及 QoS 的调度软隔离方式来支持；针对有时延和可靠性要求的网络切片，可采用硬隔离的承载传输技术，如灵活以太网 (flex ethernet，FlexE) 或是光传送网 (optical transport network，OTN) 等。

(3) 核心网：未来核心网基于虚拟化部署，核心网功能设计及架构基于服务化架构，因而相比于无线接入网和传输网来说，核心网可更加灵活地支持网络功能定制化、切片隔离、基于切片的资源分配。核心网管理可以对终端可接入的切片标识进行分配与更新，完成切片接入流程与安全校验的主要功能。

2) 关键技术 2：网络切片标识及接入技术

网络切片标识由两部分组成。

(1) 切片类型，即 3GPP 中定义的切片类型 (slice type，ST)，用于描述切片的主要特征与网络表现。

(2) 切片差异化标识符，即切片差分器 (slice differentiator，SD)，用于进一步细化差异切片标识。执行网络切片选择时，终端支持在无线资源控制 (radio resource control，RRC) 和移动代理服务器 (mobile agent server，MAS) 携带网络切片标识的能力。基站支持基于网络切片标识选择核心网网络功能的能力。核心网中引入新的网络切片选择功能 (network slice selection function，NSSF)，并支持接入管理功能重定向及选择其他网络功能能力，当执行完网络切片选择后，核心网随之更新终端携带的网络切片标识[17,18]。

3) 关键技术 3：网络切片端到端管理技术

网络切片端到端管理技术可以采集网络切片各技术域的通信状态信息与

过程信息，从而对网络切片的功能与资源进行按需调配，使得整个网络的运行更加高效，并对 SLA 进行端到端的管理。具体功能包括：

（1）负责端到端网络切片实例的生命周期管理。切片实例可以区分地域来管理，根据行业的不同需求，每个切片标识可以对应多个实例。

（2）负责切片的端到端跨域资源调配。

（3）负责切片的整体策略配置。

4）关键技术 4：网络切片端到端 SLA 保障技术

SLA 的保障在通信网络一直是非常具有挑战性的问题。在 5G 网络切片基础上，区别于过去的电信网络，移动运营商通过以下几方面的协作，实现 SLA 保障。

（1）网络资源的 SLA 保障。在网络切片的创建过程中，通过各域的质量保证技术协同，实现网络资源合理分配，基于一定概率提供承诺的 SLA 保障。

（2）SLA 的监控及可视化。在网络切片的运行过程中，管理面提供基于租户粒度的 SLA 监控、统计、上报等特性，支持 SLA 可视化管理。

（3）端到端 SLA 的闭环。在现有网络运维基础上引入闭环业务保障机制，网络基于可预测的 QoS 及实时上报的性能指标，与应用层配合，及时根据当前业务性能指标对网络进行调整[19]。

2.1.3 5G 边缘计算技术

5G 网络边缘技术随着时代不断发展有了全新的表达，在网络架构的不断优化下，5G 网络边缘技术的相关设施也得到充分完善，随之完善的还有 5G 网络边缘技术的云端操作平台，平台上的功能得到广泛传播。5G 网络边缘计算技术体系中包括基础建设、边缘网络及其网络云端计算平台和边缘实际应用等方面，技术体系的完整性有利于尽早实现 5G 网络普及的目标。5G 网络边缘计算技术搭载于电子信息化程度极高的电子计算机，在进行 5G 网络边缘计算时要通过良好的网络来运行整体设备系统。要将 5G 网络边缘计算置于高水平的科技化之中，使用通用的服务器进行基础性的服务，并在新时代的表达中使用特定的服务器硬件来确保 5G 网络边缘计算能更快更好地进行，在运行中要注意将能够进行图像和音频采集处理的系统核心装置，即中央处理器（central processing unit，CPU）良好保管，确保能够在一个硬件设施良好运行的环境下进行系统边缘计算工作。

1. 5G 技术特点

5G 旨在加快智能终端技术、网络信息化技术的广泛推广和应用。一般而言，相较于前面几代的通信技术，5G 不是单一化的通信技术，主要以传统通信技术作为重要的基础，有效融合了不同类型的通信技术，所以，其属于一种综合性的移动通信技术。对比 4G 而言，利用 5G 传输信息的速率为 10Gbit/s，已经达到了 4G 的 100 倍，由此凸显出 5G 在信息传输速度方面的作用和优点，同时提升对相关移动资源的利用率，达到对移动通信技术创新的目的。

2. 边缘计算技术的作用

(1)扩宽无线宽带带宽。5G 网络边缘计算技术能够促进新时代下国民生活生产的发展，例如，5G 网络能够大幅度扩宽无线宽带的带宽，其凭借超高的传输速度被戏称"一秒钟时间的网络资费能花掉一栋别墅"，可见其运输效率较传统网络技术的提高，在新时代下也能够最大限度地给人们的生活带来基础性的保障，能够将网络中的体验感达到最优化。而 5G 网络边缘计算技术将 5G 网络在频谱带宽上的信息载入量进一步加大，增加无线网络的带宽，使得无线网络的使用能在新时期下跟得上国民的需求指标，也将更好地促进我国市场经济的良好发展。

(2)确保网络的时效性。5G 网络系统能够在其运行中充分保障网络的时效性，进而将我国的网络使用率进一步提高，使得在国内经济体系下会有更多的互联网贸易公司出现，将我国特色经济结构不断完善优化。例如，在车联网、物联网、工业控制系统等行业的运行中要运用到网络，而 5G 网络将以上行业内的网络速度极大优化，使得每秒可传输的数据量达到了惊人的数字，由此确保各个企业的高效发展，能够在一定程度上将企业的发展与网络的建设联系起来，对于我国的经济贸易有着重要影响。而且通过特定的工作任务能够将信息的传递由信息的发起端转移到无线网络用户终端中去，大大加快了信息的有效传递。

(3)整合全球的信息化。全球已有超过 500 亿部网络终端系统被建设在不同位置，所以 5G 技术的出现能够将不同终端间建立起联系，由 5G 网络边缘计算技术支持的 5G 系统抓住机遇实现全球范围的整体信息化网络体系搭建，整合全球资源。另外，5G 网络边缘计算技术能够促使终端系统电池容量向着更大的方向加以改进，以此促进全球范围内的信息化整合系统的良好运行。

　　5G 网络边缘计算技术在时代发展中不断完善，广泛用于扩展无线宽带带宽、确保网络的时效性、整合全球的信息化等场景，另外其他场景中的应用也在该技术的优良特性带动下有所扩展。因此，要不断推进 5G 网络边缘计算技术，为我国的市场经济转型做出重要贡献。

　　5G 的三大典型应用场景对网络性能的要求有显著差异，但为控制成本，运营商必然选择承载网+网络切片/边缘计算技术，以实现最少的资本投入，获得最丰富的网络功能。在 5G 时代，承载网的带宽、时延抖动等性能瓶颈难以突破，引入边缘计算后大量业务将在网络边缘终结。5G 承载网结构特点如图 2.3 所示[20,21]。

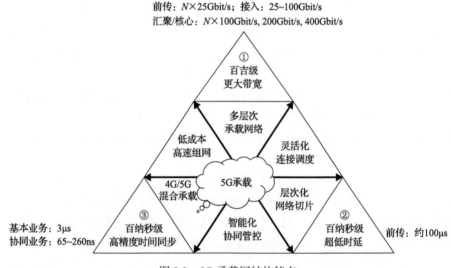

图 2.3　5G 承载网结构特点

　　5G 拓展三大应用场景，在无线侧通过硬件/软件技术的大幅提升，契合不同应用场景的网络性能需求，但在传输侧，由于硬件技术升级空间有限，必须通过网络结构的优化满足 5G 时代新应用对网络性能的要求。5G 面向eMBB、mMTC、uRLLC 三大应用场景，需要提供不同的网络性能。在无线侧有大量新技术实现对不同应用场景的支撑，但传输网络侧，在硬件技术提升有限的情况下，需要对网络架构进行革新。

　　5G 承载网架构如图 2.4 所示，通过引入资源池云化、控制平面/用户平面分离等新架构，解决传输侧对 5G 不同应用场景的支撑问题，其中边缘计算是最核心的新技术之一。传统网络结构中，网元具备完整的功能，每个网元需要单独进行配置，网元间关系相对刚性。5G 三大应用场景对网络性能要求各不相同，因此 5G 时代网元功能解耦，控制平面保留在核心网层面，城域网、回传网和接入侧前传网的网元只进行用户平面数据的转发和处理，网元之间资源可以灵活调配，实现不同的网络功能。

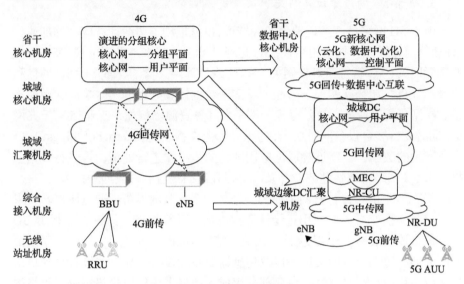

图 2.4　5G 承载网架构

RRU：射频拉远单元；BBU：基带处理单元；NR-CU：新空口集中单元；NR-DU：新空口分布单元；
AUU：有源天线处理单元；eNB：4G 基站；gNB：5G 基站；DC：双连接

在传统的移动通信网络应用中，具体需要网络基站与核心网传输至业务平台，然后用户通过无线网连接进行平台数据的传输或下载，整体过程耗时长，并且对网络质量要求高。随着社会的快速发展，人们对网络的要求已经不再停留在工作中，更是全面地体现在社会生活中，因此数据量的巨大与同时使用人数的不断增多，影响网络的上传与下载速度，从而导致人们网络体验变差，工作效率低下。为杜绝这种问题，需要应用到 5G 技术中的边缘计算技术，这一技术的本质在于取代业务平台这一基点，通过在无线网络基站与核心网之间接入边缘计算技术的相关设备，从而减少传统传输过程中的业务平台这一传输介质，同时提出了更高的低时延要求，以视频、网购、虚拟与增强现实为代表的新型业务均需要更低的网络时延为用户提供更好的体验。这样，通过边缘计算技术设备的作用，加快数据的传输与下载，同时也让海量的数据得到最迅速的处理。边缘计算技术的应用能够在 5G 网络中起到对无线网络的质量优化与效率提升作用，不仅对网络延迟有很大的改善，同时也对网络速度进行了优化。通过边缘计算技术的实现，能够改变无线网络管道化的现状，减少网络线路的使用量，实现更加快速的网络与更加安全的网络系统[22]。

3. 基于 5G 的边缘计算网关

由于 5G 网络持续推进覆盖各大城市，也就推动了边缘计算应用的加速，5G 通信与边缘计算技术相结合，5G 边缘计算网关越来越受到重视，如 5G 工业智能网关、5G 智慧路灯杆网关、5G 边缘计算网关盒子，都支持 5G 通信和边缘端计算，在物联网现场边缘节点实现数据计算处理、实时响应、敏捷连接、模型分析等业务，有效分担云端平台计算资源。例如，工业 5G 千兆网关，同时支持多台设备同时接入，边缘计算允许物联网 (internet of things, IoT) 设备产生的数据，在靠近物联网应用现场的边缘端进行处理，再进行数据上报。而 5G 网络可以快速响应并及时上报和返回平台处理数据和指令。

基于 5G 的边缘计算网关作为一个将网络互联的设备，通过协议转换来实现信息交换，一方面利用边缘计算提高数据计算性能，另一方面利用 5G 提升信息传递效率。5G 边缘计算网关系统结构如图 2.5 所示。该网关系统由云服务器、边缘计算网关设备以及传感器等终端设备组成。边缘计算模块由边缘应用程序和边缘计算平台两部分组成，数据采集模块收集传感器等终端设备的数据，然后边缘计算平台将采集到的数据进行统一控制和管理。边缘应用程序提供运行环境，包括信息获取、边缘数据处理，接收来自云服务器

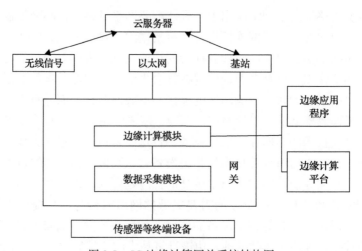

图 2.5　5G 边缘计算网关系统结构图

的指令并执行对应的操作。而用户所需要操作的就是在云服务器完成指令的发送，云服务器利用无线信号（如 Wi-Fi 等）、以太网和 4G/5G 等方式将指令发送到网关设备，网关对其进行协议转换后在边缘计算模块发出对终端设备的操作指令。

现阶段发展的 5G 由于处于蓬勃发展状态，运营商部署 5G 时使用的是非独立组网，需要利用 4G 基站、增强型 4G 基站以及少量 5G 基站来实现，由于使用的仍然是 4G 核心网，并不能提供特别低的时延，需要等到 5G 不断发展，通过独立组网（standalone，SA）技术，5G 核心网能够利用网络切片灵活地使用网络资源时，才能大大提升网络服务质量以及提供真正的低时延。基于 5G 的边缘计算，可以充分利用 5G 高速度、大容量和低时延的三个特点，实现海量数据的接入和处理，保证业务的实时性和有效性。

2.2　5G 对智能电网的影响

5G 的特点与智能电网性能高度匹配。基于 5G 的智能电网将充分支持分布式新能源、分布式储能、电动汽车、大功率电动智能机器等各种新型电器进入家庭、商业建筑、工厂和园区，为满足个性化、多样化、市场化的能源供应服务提供连接的桥梁。5G 为电力终端接入网提供了泛在、灵活、低成本、高质量的全新技术选择，为打造更加安全、可靠、绿色、高效的智能电网提供了强大的基础能力。

"5G+智能电网"不仅能够大幅缩短用户平均停电时间，有效提升供电可靠性和管理效率，还可以极大地丰富和扩展电网应用场景，降本增效，助力电网向综合能源服务商转型，为用户提供更好的电力综合服务。在供电服务方面，其电能质量、响应速度、服务内容均将因 5G 而发生重要变化。因 5G 而全面实现智能电网的有关业务，将大幅提升电力系统的服务质量。基于 5G 的电能质量监测和治理，也将减少由供电引起的故障或损失，用户的服务响应速度也将十分迅速，如新能源报装、电动充电桩报装、电费结算、账单查询、精确到分钟级的用电查询等，都将十分快捷[23]。

随着 5G 的发展，大部分的电力场景将搭建在能源互联网之上，能量像信息一样在网络中随时随地产生、共享。其发展将呈现出新的趋势和特征：发电清洁友好，融合多种分布式电源，具备清洁低碳、网源协同、灵活高效的特征；输变电安全高效，具备态势感知、柔性可靠、协调优化的特征；配电灵活可靠，具备可观可控、开放兼容、经济适用的特征；用电多样互动，具备多元友好、双向互动、灵活多样、节约高效的特征。通信技术是各项数字技术在电力行业应用的基础，是发展能源互联网的技术支撑。目前，电网可以通过不同类型的通信网络进行互联，但日益多样化的电力需求需要一个更精密、更具包容性和创新性的系统，以满足海量设备的互联互通和数据传输。

现有电力通信网络面临以下四方面难题。

(1)通信网络如何更高效地支撑智能电网发展。智能电网的发展强调多种能源、信息的互联，通信网络将作为网络信息总线，承担着智能电网源、网、荷、储各个环节的信息采集，以及网络控制的承载，为智能电网基础设施与各类能源服务平台提供安全、可靠、高效的信息传送通道，实现电力生产、输送、消费各环节的信息流、能量流及业务流的贯通，新形势下，如何进行电力通信网络平台建设，才能更有效地促进电力系统整体高效协调运行。

(2)通信网络如何从被动的需求满足，转变为主动的需求引领。目前业务系统通信需求均以设备的生产控制为主，未兼顾人、车、物等综合的管理场景需求。随着智能电网的发展，通信的需求及业务类型具有多样性、复杂性及未知性等特点，通信网络需适度超前，提前储备，提前满足未来多元化的业务承载需求，如智能化移动作业、巡检机器人、数字化仓储物流、综合用能优化服务、电能质量在线监测、能源间协调、源网荷储互动、双向互动充电桩等。

(3)通信网络如何具备更强大的承载能力、差异化的安全隔离能力及更高效灵活的运营管理能力。为满足智能电网的五大发展重点，通信网络需具备更强大的承载能力(如百万兆级到千万兆级的连接能力、单站具备 $n \times$ 10Mbit/s 的带宽承载能力、具备毫秒级的时延能力)，对电力不同生产区业务能提供差异化的安全隔离能力，同时能针对不同终端，提供终端连接甚至网络资源灵活开放的运营管理能力。

(4)通信网作为统一的通信平台，如何实现业务的集约化承载功能，进一步促进智能电网的数据共享及业务发展。通信网络需尽可能多地解决各类业务的接入需求问题，最大限度地利用电网自身资源，通过统一的通信平台，提供可靠、安全的通信通道，提高网络效率。同时，通过通信网提供的灵活便捷的接入方式，进一步促进能源互动、数据共享和有偿服务等能源互联网业务的发展。

从目前移动技术的发展来看，全世界的移动技术都在朝着 5G 方向突破和发展。5G 与各类移动无线技术相结合可以构成更加先进、更加科学的无线通信网络。在当今社会，人们的日常生活、工作都离不开互联网，这也让

5G 的发展基础更加坚实。移动通信技术的研究和发展都是对前一代移动通信技术的更替和优化。我国 5G 发展一直处于领先地位，这同前几代移动通信技术相比有了极大的转变，这个优势也离不开国家的大力支持，我国为 5G 发展专门成立了研究小组，并快速确立了 5G 建设目标。2016 年，我国开始了 5G 技术研发试验，这是我国通信业的一大进步。移动互联网是各类技术的技术平台以及 5G 的研究基础，这也让 5G 质量得到了保障。无线移动通信技术将会在前几代通信技术的基础上重点提升三方面内容，在无线传输的同时让无线移动通信的频率更高，让信息资源的利用效率得到提高，并且其提高的速度高于以前的 10 倍。5G 同 3G、4G 相比，能够为用户提供更好的使用体验。

5G 设施对能源的要求较高。此外，5G 要保证其高速率，就必须通过更高的频段来承载，而高频信号的波长更短，穿透力更弱，这使得 5G 单基站覆盖面积相比 4G 要小。也就是说，5G 基站的建设密度要比 4G 基站大。5G 对电力需求的影响将广泛地体现在核心网和互联网数据中心（internet data center，IDC）的运行、各种新型应用场景、商业模式以及衍生出的海量数据的传输、处理上。

(1) 使用效率更高。5G 的利用效率和使用能效表现出更强的趋势。

(2) 用户体验更好。目前人们所使用的移动通信技术普遍存在收费过高、网速不稳定、传输速度较慢等缺点，而 5G 的研发能够有效保障网络的稳定性、网络的传输速率并减少费用，这能够为用户提供一个更好的移动通信使用体验，更能满足用户对当前海量数据处理的需求，使移动通信技术的使用范围得到延伸，进一步加强移动通信技术的使用效果。

(3) 传输质量更高。同目前普遍使用的 4G 相比，5G 的安全可靠性、传输质量、时效性和网络覆盖能力等都表现出更大的优势，能够强化 4G 的应用效能。

(4) 可以实现智能化发展，提高传输效率。5G 的传输效率会更高，移动通信系统也会朝着智能化的方向发展，从而为客户提供一个更好的网络环境[24]。

2.3　5G 对电网的革新

随着 5G 技术的成熟应用和物联网的快速发展，能源行业将构建起数百亿电力设备和终端互联互通、数据毫秒级实时传输的能源物联网，将对分布式电网发展起到极大的推动作用。凭借传感器、云计算、大数据分析以及低成本的电池系统，若干分布式电网（微电网）可以自动运行，传统的电力消费者将成为电力生产者，实现电能的自给自足。多个微电网之间可以通过集中式电网有机连接、集中调配控制，实现微电网内及整个电网的平衡和最优化配置，也可以通过物联网技术互相连接，整合多分散式的能源、分散式的储能以及分散式的用能，互相调剂余缺，提高能源供应可靠性和利用效率。当分布式电网普及后，集中式电网将受到较大冲击，从电能的主要提供者转变为供电可靠性的保障者，通过发展自动化的本地即时控制技术，确保故障情况下的本地重新配置和电力供应稳定。

作为5G前沿技术的一大重要分支，5G切片技术在电力行业拥有十分丰富的应用场景，具体包括智能分布式调控、低压用电信息采集、毫秒级精准负荷控制以及能源互联网的分布式电源。这些应用场景都是电力行业的刚需，而5G网络的超低时延、超低能耗、超低成本、高移动性、高带宽等网络能力均能够满足电力业务的实际需要。5G的快速发展以及5G网络的超快速响应能力给电网技术发展带来了很大的创新，主要有以下几方面。

(1)分布式电源接入调控。可再生能源发电指风力发电、光伏发电和生物质发电等，它们的共同特点是根据风场、光场的特点，进行分布式建设，有别于集中发电的集中能源模式，被称为分布式能源。5G可满足其实时数据采集和传输、远程调度与协调控制、多系统高速互联等需求，并使通信的传输方式更加稳定、快速。

(2)毫秒级精准负荷控制。5G的低延迟特性使得在电网有频率波动时能做到及时反馈、及时应对，最大限度保证工业用电安全。2019年，中国电信江苏公司、国网南京供电公司与华为公司在南京成功完成了全球首个基于5G SA网络的电力切片测试。测试证实切片具备安全隔离性，能够实现电网对于负荷单元毫秒级精准管理的业务需求。

(3)低压电网信息采集。低压主要指电网中220～380V这一层的电压等级，低压用电客户主要为居民客户和商业客户。低压用电信息采集是指将居民家里和商户的表计所采集数据传输到电力公司的相应平台上，后台用这些数据来判断居民和商店用电的合理性。未来随着5G基站的全面铺开，5G高覆盖的特性将全面改变低压用电采集的效率，从而降低成本。另外，5G的高速率将支撑更大量的数据采集，为未来人工智能和数据中心的相关应用建立基础。

(4)配电通信网通信覆盖。目前的配电网计量全部依赖光纤，将电力配电网终端采集的数据，如电流、电压、负荷、功率因数、线路损耗等传输到平台。如果城市的 5G 网络覆盖全部完成，未来电力行业可能会考虑租用 4G 通道替代目前光纤未覆盖到的地方，而租用 4G 通道作为无线传输的一些终端设备，也可能作为全备用传输数据保障。对于一些特殊的大跨径、大长度的特殊设备，如跨江隧道及大桥内电缆的在线监测，这些通道非常狭小，人员正常通行检测非常困难，5G 为这种非常特殊环境中的设备在线检测提供了新的途径。

（5）拉动对电力的需求。电力行业应在 5G 部署的大趋势下积极与 5G 行业领头公司寻求合作，探索新的商业模式，实现双赢。未来几年将是我国 5G 基站建设的高峰期，5G 基站在运行期间的耗电能力十分惊人，相比 4G 基站平均高出 2～3 倍。在高昂的电费成本下，未来 5G 运营商和电力公司的相互合作会更为紧密[25]。

2.4　基于 5G 电力专网的负荷精准控制

2.4.1　负荷控制的定义

电力负荷控制系统是一个集现代化管理、计算机应用、自动控制、信息等多学科技术为一体，实现电力营销监控、电力营销管理、营业抄收、数据采集和网络连接等多种功能的完整系统。为提高电力需求侧的管理水平，做好电力营销管理工作，保证电网安全、经济、优质的运行，全国各个省份都在积极开展电力负荷控制工作。电力负荷控制对于电力生产、电力经营具有十分重要的意义。

负荷控制，又可称为负荷管理，其主要是用来碾平负荷曲线，从而达到均衡地使用电力负荷，提高电网运行的经济性、安全性，以及提高电力企业的投资效益的目的。电力负荷控制有间接、直接、分散和集中等各种控制方法。间接控制方法是按客户用电最大需量，或峰谷段的用电量，以不同电价收费，借此来刺激客户削峰填谷，事实上，这是一种经济手段。直接控制方法是在高峰用电时，切除一部分可间断供电的负荷，事实上，这是一种技术手段。分散控制方法是针对各客户的负荷，按改善负荷曲线的要求，由分散装设在各客户处的定时开关、定量器等装置进行控制。集中控制方法是由负荷控制主控站按改善负荷曲线的需求，通过与客户联系的控制信道和装设在客户处的终端装置，对客户的可间断负荷进行集中控制。在我国，还有用行政手段来限制某些用电设备在高峰时用电，并规定各客户的用电限额，其实也是一种间接控制方法。

2.4.2　负荷控制的原理

无线电力负荷监控系统是以供电企业为中心，利用无线电通道，通过遥控、遥信、遥测等多种手段，对电力用户进行负荷管理、控制、监测和服务的系统。它是技术限电的重要手段，是实现用电管理现代化的基础。无线电力负荷监控系统主要由设在供电企业的中心控制台和设在电力用户侧或变电站的用户终端设备组成，另外还包括中继站、分中心控制台。

1. 中心控制台

中心控制台负责整个系统的管理和控制，以计算机、无线电台为核心，依靠软件的支持，由工作人员进行操作，完成负荷管理和控制任务。它包括微机系统、无线电台、控制分机、电台电源、不间断电源设备(uninterruptible power system，UPS)、天线馈线等。为使系统正常运行，实现各种功能，还包含一套软件，即系统软件、支持软件和应用软件。有的中心控制台还包含网络系统。

2. 用户终端设备

用户终端设备主要是安装在电力用户或变电站的智能化执行机构，其受中心控制台监测和控制，可分为双向终端和单向终端两大类。双向终端可以向中心控制台反馈数据信息，单向终端则不能。除此以外，电力用户终端设备还包括天线(全向或定向)、馈线、模拟量变送器、多功能电子表等。

2.4.3　电力负荷控制的目的及手段

电力能源是一种重要的能源形式，大量的电子设备以及电气设备的运行都需要电力能源作为支撑。随着社会的发展，对电力能源的需求也在不断提升，为了保证电力能源的稳定供应，就需要将电力精细化管理重视起来，保证能够较为详细地掌握用户的用电情况。而电力负荷精准控制能够较好地促进能源管理，保证电力管理的有效性，并为电力管理提供可靠的数据参考。

目前主流的电力负荷精准控制方式主要有两种：一种是侵入式电力负荷监测方式，另一种是非侵入式电力负荷监测方式。从侵入式电力负荷监测方式的运行机制上来看，对每一项负荷都有一定的要求，在系统运行的过程中，通过一定的传感器来了解电压、电流、功率以及工作时间等关键信息,这种电力负荷监测方式具有比较高的准确性,但是在实现监测的过程中需要花费比较高的成本,具体的实施也存在一定的困难。非侵入式电力负荷监测方式与侵入式电力负荷监测方式在原理上有很大的差异。非侵入式电力负荷监测方式主要是在用户节点进行监测装置的安装,以较好地实现对电力系统的负荷监测,该负荷监测方式具有比较高的可行性,同时应用过程相对便捷,能够有效控制电力负荷监测的成本,因此在电力负荷监测中得到广泛的应用[26]。

2.4.4　基于 5G 的电力负荷精准控制

传统配电网由于缺少通信网络支持,通常只能切除整条配电线路。通过精准控制,则可以优先切除可中断非重要负荷,如电动汽车充电桩、工厂内部非连续生产的电源等。通过 5G 的低时延、高可靠传输,可快速将配电环节电网负荷信息反馈到控制中心,按照用电客户重要性,进行快速负荷切换,提升供电可靠性。

毫秒级精准负荷控制指对大工业客户(一般为 35kV 供电以上的客户群体),如果电网有频率波动大、机组跳闸等异常情况,要在毫秒内准确定向切除工业企业负荷,保证电网安全。5G 的低延迟特性使得在电网有频率波动时能做到及时反馈、及时应对,最大限度地保证工业用电安全。

2.5　基于 5G 网络切片的智能发配输电

随着时代的发展,智能电网已经成为我国电力产业的重要组成部分,它也是电力系统重点发展的目标之一。所以,新发展的信息技术、通信网络等对于智能电网的继续发展起着至关重要的作用。5G 网络是目前通信网络的热点,它所带来的将是一个全新时代,也会给智能电网带来一定的影响。5G 网络切片技术应用在智能电网,有利于发电、送电、用电等环节的顺利进行,也会带动电力系统的发展,给人们提供更便捷的电力条件。

2.5.1　5G 网络切片在智能电网中的应用

1. 5G 网络切片在智能发电中的应用

智能电网之所以成为电力系统最重要的一部分,是因为它所采用的大多是清洁能源，由此可以实现对资源的有效利用，还可以加强资源的节约。从目前来看，通过风能、太阳能等途径进行发电是非常普遍的，它们便是智能发电的核心。例如，现在的太阳能发电情况并不稳定，发电量受天气变化的不利影响大，所以太阳能发电并不乐观。因此，这就需要 5G 网络切片的帮助。可以将每个网络切片接入到不同地区的太阳能发电站，利用传感器测量每个地区的太阳能供电情况，从而可以对所有发电站进行远程控制，避免太阳能供电不稳定情况的发生。另外，借助 5G 网络，核心控制点可以调控所有太阳能发电站的发电量，不仅可以满足人们对大容量、低时延的电力需求，还可以实现对清洁能源的有效利用。

2. 5G 网络切片在智能配电中的应用

智能配电也是一个非常重要的环节，会直接影响人们的日常生活，这就对智能配电的电能质量有了更高的要求。首先，5G 网络切片可以控制配电的分布式电源，当分布式电源的配电能力不够时，5G 网络切片就可以控制分布式电源并且提高它的供电能力。其次，5G 网络切片可以修复配电过程，例如当供电过程产生故障时，通过 5G 网络切片技术，一方面可以迅速修理配电故障，另一方面还可以远程提高供电能力，加强供电结构的设置。最后，5G 网络切片应用在智能配电中，能形成自主管理且自主控制的配电网。

3. 5G 网络切片在智能输电中的应用

在智能输电环节中 5G 网络切片技术发挥着非常重要的作用，它主要是通过传感器监测并保护输电的整条线路，从而确保电力能够顺利地输送到指定地点。一方面，将带有 5G 网络技术的智能传感器安装在输电线路中，传感器可以监测输电过程中的故障、线路损坏等问题，并且及时将问题上报总控制中心，由此可以及时修复输电过程中的问题，减少在输电过程中的损失并且有效保护输电电路的正常运行。另一方面，利用无人机也是一个有效的监测方法，在无人机中添加 5G 网络切片技术，这就可以拍摄更多有关电路实况的高清视频或照片，从而快速定位输电电路的故障点，提高电路问题的解决效率。

由上可见，5G 网络切片技术在智能电网的应用中有着重要作用。5G 网络切片技术在智能电网的发电、配电、输电等环节都有所应用，实现对清洁能源的有效利用、提高供电能力和质量以及加强电路故障的解决效率等都是

5G 网络切片技术在智能电网的应用[27]。

4. 5G 切片智能电网典型业务场景

5G 智能电网"多业务接入、多网域切片、多维资源灵活管控"的端到端切片系统，在业务方面，可以实现 eMBB(如高清视频回传)、mMTC(如低压集抄)等多种业务可信泛在接入；在网络方面，可以实现基于 5G 可靠高效的泛在接入网、传输网、核心网承载；在管理方面，可以实现定制灵活的网络切片、多维资源动态管控及可视化呈现。可以应用的场景包括分布式配电自动化、差动保护、精准负荷控制、电网巡检和综合监控、高级计量、语音和应急多媒体。

1)分布式配电自动化

通过 5G 的高可靠传输特性，快速完成配电环节数据和指令交互，并通过 5G 的广覆盖解决海量终端与主/子站连接问题，主要用于配电网日常检测和供电可靠性环节。分布式配电自动化主要是配电网三遥业务，包含遥信(设备状态的监视)、遥测(被测变量的测量)和遥控(改变运行设备状态的指令)。在电网中各类配电智能设备与配电主站之间通过 5G 网络进行通信，上行传输遥信状态和遥测数据，下行传输遥控指令。

2)差动保护

差动保护把被保护的电气设备连同其线路看成一个节点，正常时流进被保护设备的电流和流出的电流相等，差动电流等于零。当设备或线路出现故障时，流进被保护设备的电流和流出的电流不相等，差动电流大于零。通过对差动电流判断，进行线路和设备保护；采用 5G 网络的差动保护主要用于分布式新能源和配电网之中。目前的差动保护主要采用光纤网络时间，是通过光纤传输输电线两端的电气量，进行比较以判断故障范围，实现故障的精准隔离。但 35kV 以下配电网未实现光纤覆盖，且部署场景复杂多样，通过 5G 低时延和高可靠，可代替光纤网络完成差动信息在电网智能终端之间的传输，通过对比电流等参数变化，就地执行跳、合闸操作，实现故障隔离及恢复功能。

3)电网巡检和综合监控

电网中的高压配变电站、高压输电线路、危险地域、人员不易抵达地域可采用机器人、无人机等携带高清摄像机或专业设备进行拍摄及测量，并通过 5G 无线网络可将现场采集的数据实时回传至数据分析中心，代替人工方式对危险地域的电网进行信息采集，并通过综合分析减小险情，在提升效率的同时提升电网可靠性。针对电网巡检和综合监控，采用智能巡检机器人/无人机来替代变电站原有的人工巡检，利用智能巡检机器人的自主/手动巡检、红外测温、图像识别、视频监控、环境参数监测等功能，对变电站进行全天候的巡检和数据测量，以保障机器人在变电站内能够及时发现设备外部和内部的安全隐患，形成报表和告警信息，提醒工作人员及时处理。在发生异常紧急情况时，巡检机器人还可以作为移动式的监控平台，由人工手动控制到指定位置，查看设备情况，及时查明设备故障，降低人身安全风险。该场景主要通过 5G 大带宽、高可靠特性，将输变电线路、变电站高清视频传输到电网，回传至数据分析中心，进行综合分析，并进行险情预判和处理，提升电网坚强性。

4）高级计量

当前电网主要采用低压集抄方式进行用电信息采集，采集频率低，数据传输速度慢。为更有效地实现用电削峰填谷，实现用户双向互动营销模式，支撑更灵活的阶梯定价，未来计量间隔将从现在的小时级提升到分钟级，每个终端的数据传输量级将达到每秒兆比特，从而达到准实时的数据信息反馈。同时在产业技术的推动下，未来通过智能电表、智能插座等进行直采的方式将逐步推广，终端连接数量和目前相比将有 50～100 倍的提升。

5）语音和应急多媒体

5G 可为应急通信现场多种大带宽多媒体装备提供高带宽回传能力，支撑电力应急现场高清视频通信、语音通信、集群通信、多媒体指挥调度等业务。通过融合无线网关、5G 应急通信车，采用 5G 大带宽和边缘特性，利用 5G 无线公网进行实时变电站等应急场所高清视频回传，开展远程协商，高效监控现场状态，为决策提供依据[12]。

分布式电源对通信网络的关键需求如下。

（1）海量接入：百万兆级到千万兆级终端接入。

（2）低时延：分布式电源管理包括上行数据采集和下行控制，其中下行控制流需要秒级时延。

（3）高可靠性：99.999%。

2.5.2 5G 智能切片在智能电网应用中面临的挑战

1. 高效调配切片资源

受限于无线频谱资源、业务分布与密度情况，智能电网业务普遍对安全隔离要求高，采集类业务具有一定的规模应用，部分应用场景具有周期性、典型性，控制类业务要求高可靠、低时延，切片管理系统需根据业务体验数据，动态调度各子切片域的资源配置。如何高效调配空口资源，降低切片资源动态调整对低压用电信息采集类连续性业务的波动影响，是智能切片应用的首要挑战。同理，切片网络的资源配置需由无线网(空口资源)、传输网(时隙资源)、核心网(虚拟化基础设施)等各域协同完成，合理分解资源配置成为满足业务需求的关键因素。

2. 智能切片缺乏实践经验

面对 5G 网络切片在运维、管理上带来的复杂性，网络运维的风险越来越高，基于人工智能的网络切片应运而生。5G 核心网架构中的 5G 网络数据分析功能(network data analytics function，NWDAF)可理解为人工智能分析系统中的一个模块。如何更好地将智能分析技术应用于网络切片，特别是针对智能电网的业务特征，合理选择智能算法模型，目前仍以理论研究为主，缺乏足够的实践验证。

3. 智能切片标准有待增强

第二版 5G 国际标准(3GPP R16 版本)定义了 NWDAF 数据读取、调用等功能，但仍有部分数据获取及接口规范未明确，相关标准有待进一步完善。

5G 网络切片充分结合 SDN/NFV 技术，实现业务需求和网络资源的灵活匹配，从而满足 5G 时代不同垂直行业特定的功能要求。对于运营商，5G 网络切片将帮助其打造敏捷灵活的网络，将业务延伸到垂直市场，主要表现在：运营商的基础设施以共享方式提供，极大提升了网络资源的利用效率；为运营商提供不同的切片能力，可以同时保障垂直行业差异化业务的不同技术要求；灵活开放的网络架构体系也可为垂直行业提供相对独立的运营能力，保证其业务开展的灵活性和个性化。对于垂直领域行业，通过与运营商的业务合作，无须建设移动专网，即可更方便、快捷地使用 5G 网络，并得到按需的业务保障，提升其快速开展个性化业务的能力，尽快拓展业务市场。

基于智能电网的应用场景分析可见，不同场景下的业务要求差异较大，体现在不同的技术指标要求上。运营企业和网络设备商应针对这些行业的技术指标要求，进一步量化网络的技术指标和架构设计，包括进一步量化切片安全性要求、业务隔离要求、端到端业务时延要求，协商网络能力开放要求、网络管理界面等，以及探讨商业合作模式、未来生态环境等，提供满足电力行业多场景差异化的完整解决方案，并进行技术验证和示范。

2.6　基于 5G 边缘计算的智能电网数据处理

2.6.1　基于 5G 的移动边缘计算技术应用场景

移动边缘计算(mobile edge computing, MEC)系统的核心设备是基于信息技术(information technology, IT)通用硬件平台构建的 MEC 服务器，通过部署于无线基站内部或者无线接入网边缘的云计算设施(如边缘云)提供本地化的公有云服务，并可连接其他网络(如企业网)内部的私有云实现混合云服务。互联网协议(internet protocol, IP)无线接入网的云化及虚拟化为 MEC 系统的部署提供了一个合适的切入点。5G 网络架构是面向业务和用户的网络，通过网络切片可以根据业务的需求对网络资源进行灵活编排和弹性化资源管理，eMBB、uRLLC 和 mMTC 业务可以通过边缘网络切片来实现。

MEC 的应用场景可以分为本地分流、数据服务、业务优化三大类。本地分流主要应用于传输受限场景和降低时延场景，包括企业园区、校园、热门场馆、本地视频监控、VR/AR 场景、本地视频直播、内容配送网(content distribution network, CDN)等。数据服务包括室内定位、车联网等。业务优化包括视频服务质量优化、视频直播和游戏加速等。通过在基站侧引入智能计算能力，为运营商和网络业务提供商解决上述难题，同时无线资源的管理更加智能和优化，不同等级的服务都可以实现。

1. 移动视频 QoS 优化

目前 LTE 蜂窝网络所承载的视频内容和管道之间缺乏交互，用户体验很难达到最佳。一方面，由于无线侧信道和空口资源变化较快，难以动态调整应用层参数以适配无线信道的变化。同样，传统的传输控制协议(transmission control protocol, TCP)拥塞控制策略是针对有线环境设计的，也不能准确适应无线信道的变化。另一方面，基站对应用层内容不可知，无法为不同类型的业务动态进行无线资源的调度，也不能为同一类型业务的不同用户提供差异化的 QoS。MEC 平台可以通过北向接口获取互联网应用服务视频业务的应用层 TCP 信息，也可以通过南向接口获取无线电接入网(radio access network, RAN)侧无线信道等信息，进一步通过双向跨层优化来提升用户的感知体验，从而实现运营商管道的智能化。

2. 移动 CDN 下沉

当前移动网的 CDN 系统一般部署在省级 IDC 机房，并非运行于移动网络内部，离移动用户较远，需要占用大量的移动回传带宽，服务的"就近"程度尚不足以满足对时延和带宽更敏感的移动业务场景。运营商可以在 MEC 平台内部部署边缘 CDN 系统，互联网应用服务以基础设施即服务(infrastructure as a service，IaaS)的方式租用边缘服务器节点存储自身的业务内容，并在自有的全局域名系统将服务指向边缘 CDN 节点。

3. VR 直播

在大型的电竞、球赛、F1 赛车、演唱会等直播场景，用户对时延及沉浸式体验有较高的要求。MEC 平台可实现 VR 视频源的本地映射和分发，为观众提供高品质的 VR 视频体验，并可通过多角度全景摄像头为观众带来独特的视角体验。例如，距离球场较远位置的球迷可以通过实时 VR 体验坐在 VIP 位置的观看感觉。另外，MEC 的低时延、高带宽优势可避免在观看 VR 时由带宽和时延受限带来的眩晕感，并且可减少对回传资源的消耗。

4. 工业控制

移动互联网的迅猛发展促使工业园区对无线通信的要求越来越强烈，目前多数厂区或园区通过 Wi-Fi 进行无线接入。然而，Wi-Fi 在安全认证、抗干扰、信道利用率、QoS、业务连续性等方面无法进行保障，难以满足工业需求。基于 MEC 平台实现工业控制，结合蜂窝网络和 MEC 本地工业云平台，可在工业 4.0 时代实现机器和设备相关生产数据的实时分析处理和本地分流，实现生产自动化，提升生产效率。由于无须绕经传统核心网，MEC 平台可对采集到的数据进行本地实时处理和反馈，具有可靠性好、安全性高、低时延、高带宽等优势[28]。

2.6.2　基于 5G 边缘计算网关在智能电网中的应用

变电站是一个电压和电流交换、接收电能及分配电能的场所，它将发电机发出的电能升压后馈送到高压电网中，在电网传输中发挥着十分重要的作用。随着智能电网的发展，变电站中需要处理的信息越来越多，包括数据信息、视频监控、安全信息等。变电站一般分布在人口相对稀少的地区，由于必须时刻掌握变电站的情况以保证安全，需要专业人员实时监控变电站内部各个部分。在现代化的变电站中由于智能机器人等智能巡检设备的加入，可以不用像以前一样需要人力频繁去现场监控，减少了一定的安全隐患并且提高了效率。但是智能巡检机器人或者变电站智能终端传送到监控中心的数据量不断增大，消耗了大量的流量资源。

除了变电站内部运维数据，还有从变电站向用户传输电力时每天各个时段输送的电量、不同地区所需电量的数据也属于大流量数据，导致处理数据更加麻烦且任务量大。

通过利用 5G 和边缘计算的网关设备，能够在边缘设备将大量的数据存储并进行初步处理，然后将非常重要的信息，如有安全隐患的数据，发送到监控中心并给出警示信号，使得监管人员能够在第一时间发现并采取相应的措施，达到效率最高化。根据电网的业务需求可将电网业务分为低时延的智能配电、精准负控业务，多连接的低压抄表、分布接入业务，以及大带宽的巡检机器、应急通信业务。结合 5G 边缘计算的特点，各种类型的业务通过网关汇聚，接入到边缘计算中心，根据业务的需要，进一步上传到控制子站或主站。面向业务的 5G 边缘计算解决方案如图 2.6 所示。

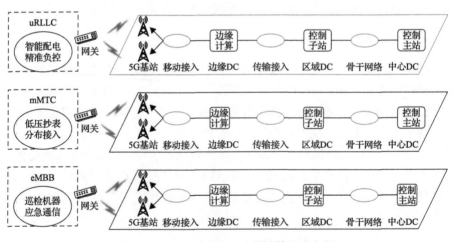

图 2.6　面向业务的 5G 边缘计算解决方案

5G 技术蓬勃发展，初步部署仍使用非独立组网，并不能够完全展现其特点，如低时延，相信随着 5G 及边缘计算技术体系的不断完善，独立组网部署 5G 技术逐渐成熟，能够更加精确、方便、快速地处理更多的数据信息，真正达到提升数据传输率、降低时延的目的[29]。

2.7　本 章 小 结

　　本章首先介绍了 5G 电力专网技术、5G 网络切片技术和 5G 边缘计算技术等 5G 关键技术；然后从各个方面分析了 5G 技术对智能电网的影响；最后讲述了 5G 在多个领域对我国电力行业的改革和创新，详细地介绍了基于 5G 电力专网的负荷精准控制、基于 5G 网络切片的智能发配输电和基于 5G 边缘计算的智能电网数据处理等 5G 关键技术在智能电网中的应用。

第3章 大数据应用下的智能电网

电网业务数据大致可分为三类：电网运行和设备检测、实时状态数据，电力企业营销数据，电力企业管理数据。其中，电力企业营销数据又包括交易电价、售电量、用电客户等方面的数据。随着我国智能电网的建设越来越深入，大数据技术成为支撑智能电网安全运行最重要的方法。

大数据被认为是促进现代社会发展的智力"石油"，越来越受到人们的重视，早期主要应用于商业、金融等领域，后来逐渐扩展到交通、医疗、能源、电力等行业，大数据技术在智能电网中的应用被看成是电力行业发展的重要方向之一。世界上大多数国家都已将大数据作为战略资源，2012 年，美国政府宣布推出"大数据的研究和发展计划"，2013 年，北京、上海等地建立了政府数据资源开放平台，推动数据的开放和共享。智能电网作为大数据的重要应用领域之一，其最终目标是建立一个全景实时系统，覆盖整个生产过程，包括发电、生产、传输、转换、分配和使用，实时收集、传输和储存数据，并对从各种来源收集的数据进行快速分析。

智能终端设备与大数据技术的应用使得传统单向电网逐渐被智能电网取代。相比于传统电网，智能电网在自我修复能力、可再生能源消纳能力、态势感知能力与暂态稳定性方面具有更多的优势。一方面，智能电网快速发展，智能电表大量部署，传感技术广泛应用，电力工业产生了大量结构多样、来源复杂的数据，如何存储和应用这些数据，是电力公司面临的难题；另一方面，这些数据的利用价值巨大，不仅可以将电网自身的管理和运行水平提升到新的高度，甚至产生根本性变革，还可以为电力公司拓展增值业务提供条件[30]。

3.1 大数据关键技术

3.1.1 大数据图像处理技术

1. 图像处理技术

作为人类传递信息最重要的媒介，图像信息大约占所有接收到信息的 60%，语音信息约占 20%，其他信息约占 20%。图像信息对人类的生活和社会的发展是十分重要的，图像处理技术对获取信息、弥补人类视觉的不足、促进经济社会的发展具有重要意义。图像处理技术分为数字图像处理和模拟图像处理两大类。

数字图像处理指将图像信号转换成数字信号并采用计算机等硬件设备进行处理的过程。目的在于恢复图像的本来面目，改善人们的视觉效果，突出图像中目标物的某些特征，提取目标物的特征参数，以方便后续的图像存储、传输等操作。数字图像处理的研究源于两个主要的应用领域：一是为了便于人们分析而对图像信息进行改进；二是为使机器自动理解而对图像数据进行存储、传输及显示。图像处理要求非常高的存储和计算能力，因此图像处理领域的发展必须依靠数字计算机及数据存储、显示和传输等相关技术的发展。数字图像处理一般使用计算机或者专用的芯片来对图像进行处理，优点是灵活性高、处理精度高，并且可以进行非线性处理，缺点是处理速度有待提高。

模拟图像处理包括光学处理(利用透镜)和电子处理，其典型例子是胶片照相技术和电视信号处理，其优点是速度快，理论上可达到光速；缺点是需要特定的硬件装置，灵活性较差，处理精度也比较差。

图像处理主要具有以下基本特点：一是处理的信息量很大，对计算机的处理速度和存储容量等要求较高；二是图像处理算法一般是针对多个像素或区域进行，对访存带宽要求高；三是图像中各个像素不是独立的，具有较大的相关性，处理时局部性好，并行度高。可见，图像处理是一类访存密集型应用，尤其是当图像规模较大且图像处理算法较简单时，系统的大部分时间将花费在访存上。许多应用领域还要求图像处理具有一定的实时性，因此，图像处理性能有待进一步提高[31]。

2. 大数据图像处理技术的五大优势

在图像处理过程中大数据技术凭借自身强大的功能优势，为图像处理提供技术支持，尤其是图像变换、图像编码压缩、图像分割、图像描述等各项功能极大地提高了大数据技术在图像处理过程中应用的可行性。大数据图像处理技术的五大优势如下所示。

1) 再现性好

大数据技术能够凭借自身较强的图像原稿再现功能，来保持图像的真实性，不会因为图像复制、传输等操作而降低图像质量。

2) 精度高

大数据技术下的图像处理能够将模拟图像进行数字化，使模拟图像成为二维数据组。并且，现代化的扫描技术能够将像素等级提高到 16 位，满足图像处理的精度要求。

3）适用面宽

大数据技术下的图像有着多种信息来源，能够反映客观事物的尺寸。大数据技术能够运用在航空图像处理、电子显微镜图像处理、天文望远镜图像处理等方面，只要图像信息能够被转为数字编码形式就可以进行大数据图形处理。

4）灵活性高

大数据技术在图像处理中的应用不仅能够实现光学图像处理和图像的线性运算，还能够实现图像的非线性处理，运用逻辑关系或数学公式来进行数字化图像处理，灵活性较高。

5）信息压缩潜力大

大数据技术下的图像处理中图像像素并不是独立的，像素之间有着较大的相关性。并且，图像像素有着相似或相同的灰度。图像像素之间的相关性使大数据技术下信息压缩成为可能。

3. 大数据图像处理的关键技术分析

1）集成技术

数据集成顾名思义是将两个系统的数据合并，构建更多企业应用。集成的定义范围很广，既包含系统间数据的集成，又包括物理区域内网点和网点的集成。集成技术包含的关键技术较多，如数据的抽取技术、非关系和关系型数据库技术、数据的过滤和清洗技术等。多样性是大数据的基本特点之一，因此数据集成的类型也多种多样，从而给大数据处理带来很大的挑战。集成技术的基本思路：首先明确数据抽取的源头，然后罗列实体之间的关系，经关联和聚合处置后，再采用统一的结构对数据进行保存。在集成和数据抽取过程中，需要保障数据的质量和可靠度。

2）数据的分析和处理技术

数据分析是数据处理的根本，从本质上讲，其根本是实现信号数据的转化，首先把数据转化成信息，然后把信息转化为决策知识，决策人员通过决策知识才能够进行相关决策。使用电力大数据分析技术可在海量的电力系统数据中找出固定规则和规律，为决策人员提供支撑。与传统的规则推理相比，基于大数据的决策分析，是针对海量数据进行比较和类比处理，因此具有一定的自主学习能力。数据处理的相关技术主要有三种，分别是分布式计算、内存计算和流处理技术。分布式计算主要负责进行规模较大的数据处理和分布式处理，内存计算主要负责高效读取数据以及处理在线的实时计算，流处理主要针对已经达到一定规模和速度的数据进行处理。

3.1.2　大数据分析及挖掘技术

数据分析与挖掘是大数据处理环节中的一个核心环节，要得到数据的巨大价值，必须要经过专业的数据分析与挖掘过程，其中涉及的知识面较广，需要用到统计学、计算机、数学模型等知识，对分析人员的专业性要求较高。数据分析与挖掘的统计学方法中，描述性分析是最基本的分析统计方法，在实际工作中也是应用最广的分析方法。描述统计又分为数据描述和指标统计。数据描述是指能够表现数据特点的一些指标，如数据的时间范围、数据的总量、数据来源等。倘若需要对数据进行建模，则所选数据的分布情况和离散程度等指标都得囊括。指标统计是指对指标进行统计，主要是为了写分析报告。指标统计可以简单地划分为四类：第一类是变化，可以参考数学中的时间序列，指标随时间的变动而变动，具体表现为增幅或降幅；第二类是分布，如不同空间上的分布(如不同的国家、不同的城市等)、不同群体的分布(如不同的年龄、不同的职业、不同的性别等)；第三类是对比，如内部对比；第四类是预测，根据现有情况，估计下个分析时段的指标值。数据分析与挖掘的常用语言有 R 语言、SQL、Python 等[32]。

1. 数据分析

数据分析是处理对某一兴趣现象的观察、测量或者实验的数据。数据分析目的是从和主题相关的数据中提取尽可能多的信息。主要目标包括：

(1)推测或解释数据并确定如何使用数据。

(2)检查数据是否合法。

(3)给决策制定合理建议。

(4)诊断或推断错误原因。

(5)预测未来将要发生的事情。

由于统计数据的多样性，数据分析的方法大不相同。根据观察和测量得到定性或定量数据，根据参数数量得到一元或多元数据。此外，有些工作对领域相关的算法进行了总结，将数据挖掘算法分为描述性、预测性和验证性，将多媒体分析方法划分为特征提取、变形、表示和统计数据挖掘，然而并没有对大数据处理方法进行分类。根据数据分析深度将数据分析分为描述性分析、预测性分析和规则性分析。

大数据分析常用的分析方法如下所示。

1) 数据可视化

数据可视化是将分析完的数据以直观的方式呈现出来。尽管数据之中隐藏着很高的价值，若是不能以一个直观易懂的方式呈现，也就失去了挖掘的意义。数据可视化将数据转换成图或表等，以一种更直观的方式展现和呈现数据。通过"可视化"的方式，将我们看不懂的数据通过图形化的手段进行有效的表达，准确高效、简洁全面地传递某种信息，甚至帮助我们发现某种规律和特征，挖掘数据背后的价值。

2) 统计分析

统计分析基于统计理论，是应用数学的一个分支。在统计理论中，随机性和不确定性可利用概率理论建模。统计分析技术可以分为描述性统计和推断性统计。描述性统计技术对数据集进行摘要或描述，而推断性统计则能够对过程进行推断。更多的多元统计分析包括回归、因子分析、聚类和判别分析。

3) 数据挖掘算法

数据挖掘是发现大数据集中数据模式的计算过程。许多数据挖掘算法已经在人工智能、机器学习、模式识别、统计和数据库领域得到了应用。2006年，国际数据挖掘大会（ICDM）总结了影响力最高的 10 种数据挖掘算法，包括 C4.5 算法、K 均值聚类算法、支持向量机、Apriori 算法、最大期望值法、页面排序算法、自适应增强算法、k 近邻算法、朴素贝叶斯算法和分类回归树算法，覆盖了分类、聚类、回归和统计学习等方向。此外，一些其他的先进技术如神经网络和基因算法也被用于不同应用的数据挖掘[33]。

2. 数据挖掘

数据挖掘兴起于 1989 年，又称数据库中的知识发现。是多门学科知识融会贯通的产物，其中包括机器学习、数据库应用技术、统计学、人工智能等多个学科领域的研究成果。数据挖掘因此被定义为利用机器学习、统计学习等相关方面的知识和技术，从海量数据中整理、归纳出规律，发现高价值模型或数据的手段，提取出新颖的、有效的、潜在有用的并且可被理解的信息。

1) 明确挖掘主题

在进行数据挖掘之前，先明确自己的数据导向，确定数据挖掘的方向及范围，再实施数据挖掘，以规避数据冗余、数据偏差等问题，避免盲挖。

2）数据处理

数据处理环节是数据挖掘过程中的重要环节，只有保证数据的准确及有效，才能保证数据挖掘的意义。此环节分为三个小环节，分别是数据选择、数据预处理、数据转换。

（1）数据选择。根据挖掘主题收集相关数据，将收集后的数据进行归类整理，剔除与主题无关或偏差较大的数据，留下与主题相符的数据。

（2）数据预处理。将整理好的数据进行二次处理，对空白字段、无意义数据进行删除，保证所留下的数据都具有有效性。

（3）数据转换。将保留下来的有效数据根据所研究的主题目标进行聚类处理，以满足数据挖掘格式需求，是数据挖掘的先前条件。

3）数据挖掘过程

对数据进行实质性挖掘，需要根据主题选择适合该数据研究的算法，然后对数据实施挖掘工作，这一环节是数据挖掘工作的核心环节。

4）数据分析过程

数据挖掘工作结束后，最后一步是对所挖掘出来的数据结果进行分析说明，其主要作用是确定知识的模式模型是否有效以便发现更加有意义的知识模型。

3. 数据挖掘的方法

1）决策树

决策树是数据挖掘的主流方法，以树形形式将数据决策与数据分类过程清晰描述，这种算法相对较简单、直观、易理解。在不同场景中生成的决策树也会不一样，所以决策树称为分类树、回归树等。决策树数据挖掘的经典算法主要为 ID3 算法和 C4.5 算法。

2）聚类分析

根据研究主题，找出数据的分类依据，并根据此依据对数据进行分类处理，将数据细化为不同类型的数据集合，保证每个集合中的数据都具有相似性，不同集合之间又存在着差异性，利用数据可视化技术将其表现出来，并友好地展现给用户，即称为聚类分析。其主要算法为 K 均值聚类算法，这一算法的突出优势在于原理简单、应用高效，非常适合对规模较大的数据进行处理，在很多领域取得了较好的应用效果，包括数据分析、个性化推荐、数据分类、图像识别等。

3）关联规则分析

关联规则分析是数据挖掘工作中较为常用的方法之一。事物与事物之间存在着相互的关系，而这种关系称为关联，关联规则指的是事物与事物之间潜藏的关系规则，而关联规则分析则指的是在事物与事物之间查找和分析那些关联规则之间信息的过程。其主要算法为 Apriori 算法，它是一种最有影响的挖掘单维、单层、布尔关联规则频繁项集的算法。Apriori 算法虽然可以解决相应数据关联规则的分析，但是它还存在着一定的缺陷，随后有人提出了FP-Growth 算法，以弥补 Apriori 算法产生候选项集的缺陷。

4）支持向量机

支持向量机（support vector machines，SVM），是一种二分类模型，基本模型是定义在特征空间上间隔最大的线性分类器，间隔最大时它有别于感知器。核心理念是支持向量样本会对识别的问题起关键性作用，支持向量也就是离分类超平面最近的样本点，而这个分类超平面正是支持向量分类器，通过这个分类超平面实现对样本数据一分为二。

4. 发展趋势

1）多模态数据挖掘

从数据挖掘的角度来说，数据挖掘后期多会偏向多模态数据挖掘。因为从当前来看大部分的数据挖掘都是针对结构化数据进行的，但大数据时代背景下，非结构化数据成为主流，从这些非结构化数据中挖掘出隐藏信息，是未来大数据领域研究和实践的重点。

2）数据挖掘过程可视化

现阶段数据挖掘大多都基于相应算法展开，其算法过程不易被使用者直观了解到，所以数据挖掘可视化具有一定的研究意义。将数据挖掘过程可视化处理，可方便用户理解挖掘的整个过程，实施数据挖掘的操作。

3）数据挖掘与多库系统的集成

如今数据库系统、Web 数据库在信息处理系统中成为主流，数据挖掘系统的理想体系结构是与数据库和数据仓库系统的紧密耦合。

4）描述语言标准化

研究人员可趋向数据挖掘语言标准化研究，使数据挖掘语言像 SQL、C++、Java 语言一样标准化、形式化。

5）复杂数据分析建模方法

大数据时代背景下，数据类型逐渐增多，数据结构独特且逐渐变复杂。

为了处理这些复杂和独特的数据，需要进一步增加、优化数据分析和建立模型的方法，使后期开展数据挖掘更加容易[34]。

3.1.3　非结构化大数据存储与处理技术

全球范围内，关于能源问题的讨论日趋升温。目前，许多国家都开展了智能电网的研究工作，以期建成覆盖电力系统全生产过程，且包括发电、输电、变电、配电、用电及调度等多个环节的全景实时系统。而安全可靠、节能环保、经济高效、开放互动的智能电网则高度依赖于电网全景实时数据的采集、传输和储存。在智能电网系统中，除了能用数据库二维逻辑表展现的结构化数据，大量数据如办公文档、文本、图像、可扩展标记语言 (extensible markup language, XML)/超文本标记语言 (hypertext markup language, HTML)、报表、音视频、超媒体等都以非结构化的形式存在。这类数据的特点是格式多样、总量庞大、增长速度快且包含着大量与企业管理有关的重要信息。随着电网公司信息化建设的推进，多数企业的非结构化数据每年平均增长量已达拍字节 (PB) 级别，存储和处理非结构化数据的能力对企业战略和业务的重要性与日俱增。我国"十二五"发展规划中提出了智能电网发展战略，要求实现平台集中、决策智能、业务融合、安全使用的非结构化数据的专门管理平台，以促进企业的有效管理。高德纳咨询公司 (Gartner Group) 在 2009 年的专项报告中也曾指出，以非结构化数据为主体的内容管理服务已成为企业的基础服务之一，是企业信息化建设中的重要发展方向。在智能电网系统的实践中，非结构化数据产生于系统中包括发电、输电、变电、配电、用电及调度等在内的各个环节。以用电侧为例，随着智能电表和其他智能终端的安装运用，电力公司与用户的交互过程中产生了大量的语音、文字数据。又如，国家电网福建省电力有限公司在 2017 年 6 月就成功为其非结构化大数据管理平台研发了文本智能挖掘引擎及组件，实现了对平台的全面管控，使其能满足企业自身对非结构化数据管理的需求。通过建设非结构化数据分析平台，采集、存储并处理电网公司各个业务环节中所产生的海量非结构化数据，可促进电网公司业务资源共享、业务联动、工作协同，实现业务深度集成及融合。

1. 非结构化数据

非结构化数据是存储在文件系统的信息，包括公司运营中的文档、档案、图纸、表单、图像、音频、视频、XML 等。据 IDC 调查，非结构化数据占到企业数据的 60%以上，每年增长率达 60%。由于没有预定义的数据模型，数据结构具有不规则、不完整等特点，非结构化数据无法用数据库二维逻辑表现。新兴技术，如物联网、工业 4.0、视频直播等的快速发展提高了行业对非结构化数据的重视程度。人工智能、机器学习、语义分析、图像识别处理非结构化大数据的技术因此得到快速发展。非结构化数据的格式及标准具有多样性，在技术上较结构化数据更难标准化。除此之外，非结构化数据还具有存储方式不一、产生于不同业务流程、信息量大等特点。因此，存储、检索以及利用非结构化数据需要更加智能的 IT 技术，如海量存储、智能检索、信息的增值开发利用等。

2. 非结构化大数据存储与处理技术

非结构化大数据的管理平台需要建立一个统一的标准的存储中心，用以存储海量的非结构化大数据，最终实现存储结构的优化。云存储是越来越多的 IT 公司正在使用的存储技术，根据分层的网络结构，非结构化大数据架构可分为应用层、会话层、数据层、路由层和物理层五个功能层。其中，应用层提供云计算下非结构化大数据的应用接口；会话层具备较多权限以及安全执行能力，并根据不同等级的安全情况制定不同形式的安全方案以确保数据的安全；数据层用来统一管理云计算下的非结构化数据及其元数据；路由层的主要作用是连接各个设备并完成路径计算；物理层为设备之间的数据通信提供传输媒体及互连设备，为数据传输提供可靠的环境。非结构化大数据的存储及处理系统包括以下几类。

（1）Hadoop 分布式文件系统（hadoop distributed file system，HDFS）是一个用 Java 语言开发的分布式文件系统，能作为分布式计算中数据存储管理的基础。HDFS 运行在普通廉价的服务器上，可以存储超大文件，帮助用户执行大型数据集的分析任务。其优点是高容错性和高处理效率，能处理拍字节级别的文件，降低并发性控制要求，简化数据聚合性，支持高吞吐量访问，但 HDFS 不适合低延迟数据访问，无法高效存储大量的小文件。

（2）分布式文件系统 Ceph 基于 OpenStack 生态，是一个使用 C++语言开发的开源的、可靠的分布式存储系统。该系统安装简单，采用统一存储结构，能够支持上千个存储节点，适用于单集群的大中小文件。Ceph 的优点之一是免费，用户初始成本低。同时，Ceph 支持对象存储、块存储、文件系统挂载三类调用接口，存储特性丰富，且具有强大的扩展性以及容错性。但是 Ceph 系统成熟度不高，对运维能力有较高要求。

（3）HBase 也基于 Hadoop，是一个开源的非关系型分布式数据库，使用

Java 作为编程语言。HBase 也运行在廉价的服务器上，支持大量数据的存储和对数据的实时访问。HBase 底层依赖 HDFS 作为其物理存储，具有高容错性，支持大量数据的瞬间写入和实时访问。作为非关系型数据库，其业务场景较为简单，但不能有效地支持多条件查询和大范围的扫描查询，也不能直接支持 SQL 语句查询。

(4) Storm 是一个开源的、分布式的、可靠的、零失误的数据处理系统，对编程语言没有限制。Storm 可以处理无限的数据流，支持实时数据分析，能远程调用 CPU 资源进行密集计算。Storm 处理流式数据，具有高性能、低延迟、高容错性等优势，还可以任意增删节点到集群，具有高可扩展性。但是，Storm 的资源调度模型复杂，缺乏反压机制，当出现错误时，系统效率易被降低。

(5) Kafka 是一种分布式发布/订阅消息系统，它可以处理消费者规模网站中的所有动作流，包括网页浏览、搜索和其他用户的行动等数据，对硬件的要求不高。Kafka 主要用于处理活跃的流式数据，具有高性能、低成本的优点。它同时支持离线和实时数据处理，具有良好的容错性和可扩展性。但是，Kafka 在并行调度方面能力不强，且部署和维护成本较高。

(6) Redis 是一个开源的键值对存储数据库，是非关系型数据库的一种。Redis 支持多种数据类型，具有发布/订阅、通知等功能，可用作数据库、高速缓存和消息队列代理。Redis 在读写数据的时候不受硬盘 I/O 速度的限制，速度极快，不预定义或强制用户对其存储的不同数据进行关联。但是，它不具备自动容错和恢复功能，且进行在线扩容和主从文件复制时，都会受到集群容量和服务能力的限制。

(7) Elastic Search(ES) 是面向文档型的数据库，兼有搜索引擎和 NoSQL 数据库功能。其可以存储整个对象或文档，并建立索引，因此可用于复杂的检索或全文搜索、结构化搜索及近实时分析。百度、新浪、阿里巴巴及腾讯等互联网公司均有使用 ES。ES 完全开源，与传统数据库相比，ES 采用倒排索引，没有用户验证及权限控制，执行时间极快，但是其无事务的概念导致误删无法恢复。

(8) MongoDB 是一个基于分布式文件存储的开源数据库系统，由 C++语言编写，以文档形式存储数据。在高负载的情况下，添加更多的节点，可保证服务器性能。MongoDB 安装简单且支持多种编程语言，查询与索引方式灵活，是最像 SQL 的 NoSQL。MongoDB 的特点是面向文档存储，能够更便捷地获取数据，支持大容量存储，有很强的扩展性，支持丰富的查询表达式，允许在服务端执行脚本。

（9）PostgreSQL 是一个功能强大的开源对象关系数据库管理系统，用于安全地存储数据。其可跨操作系统运行，不受任何公司或其他私人实体控制，是目前世界上支持最丰富的数据类型数据库。其特点是可在所有主要操作系统上运行，并且是唯一支持事务、子查询、多版本并行控制等特性的数据库。

3. 需求分析

随着电力行业应用非结构化数据的深入，传统的关系型数据库已经无法承载海量的非结构化数据。针对智能电网的非结构化大数据存储与处理系统的设计及实现，包含应用架构、数据架构以及技术架构的设计。

在电网领域，非结构化数据类型众多，增长速度大。非结构化智能电网数据具有总量分布不均衡、数据格式多样、业务对象多样化、处理方式多样化的特点，且具有资产价值、凭证价值以及辅助决策价值。以电网公司为例，非结构化数据主要包含两类：第一类是内部数据，主要分布于资产系统、协同办公系统、财务系统、营销系统、电子商务系统、人力资源管理系统、综合管理系统等业务系统中，涵盖电网运营全过程数据；第二类是外部数据，包含经济环境、宏观政策、行业对标以及社交网络数据。

非结构化智能电网数据存储及处理技术涉及众多领域，包括基础设施、数据管理、服务集成、用户交互等。随着互联网技术的成熟，许多企业在数据模型、数据标准、数据质量、数据生命周期、数据安全、数据服务等方面积累了一系列可复用的技术成果。大数据平台的技术路线是基于主流、开放的开源成熟软件，同时，系统的归档能力为构建非结构化数据全生命周期管理提供了系统支撑。在流程方面，非结构化智能电网数据的存储与处理需跨业务域、跨部门，其环节众多、系统交互较为复杂。值得注意的是，其对企业应用系统有信息一致、数据支持、质量管控等重要作用。构建针对非结构化的智能电网大数据存储与处理平台，包含以下几方面的功能需求。

（1）数据采集方面，需从业务系统以在线和离线的方式采集数据，对数据进行检验、转化及有序存储。平台需提供多种方式的采集功能，支持大型、批量文件上传，针对尚未实现信息化管理的非结构化数据提供数据录入渠道，以适应业务系统数据量大、并发数高、类型多、生成规则多样的特点。平台还需提供数据同步配置的功能，自动保存本地磁盘中的文件。

（2）数据存储方面，需对智能电网领域的非结构化数据及数据编目进行统一的存储，提供基本的读、写、删、改能力。同时存储海量数据编目信息，实现针对关键数据编目的高速查询。提供插件化的管理，使平台可以接入不同的存储资源，在此基础上，定义不同存储资源为不同级别，并根据支持策略(文件大小、文件来源、文件类型、特定数据编目值等)将文件归集到不同存储资源中。

(3)数据管理方面，首先需满足高效的数据调用、数据唯一性的需求。在实际业务工作中，业务系统通过与平台的服务接口访问非结构化数据，避免大量数据无意义的冗余存储并保障数据的一致性。其次还需要满足自动备份的需求，当检测到文件有变动时，能自动执行同步操作。最后是精确检索和关联检索，使用户既能找到搜索的非结构化数据本身，又能找到与该文档具有业务逻辑关联的文档。

(4)数据处理方面，一方面需要对数据进行预处理工作，包括音频文件的转码、截断，视频文件的转码、截图，给图像文件添加水印，产生缩略图，图像旋转，文档转码等；另一方面，还需要满足数据共享、交换以及全文检索的需求等。

(5)服务接口方面，数据访问的接口，能实现文件的上传、索引、下载等；各类文件处理接口，能实现音频、视频、图像、文档等的处理；各类数据管理接口，能实现数据分发、共享等；数据服务接口，能实现数据服务的注册和发现；应用集成接口，能实现数据应用的注册和注销。

(6)平台管理方面，对非结构化数据的配置、监控、管理功能，帮助系统管理及运维人员操作、优化平台，处理潜在和已发生的问题；用户角色管理以及权限控制；应用集成管理，将全网平台的各部署点组织为统一管理的网络。

3.2　大数据图像处理技术在智能电网中的应用

大数据图像处理过程及特点如图 3.1 所示。基于大数据技术的图像处理，借助智能化技术为电网企业解决了许多难题，降低了企业员工的劳动量，提升了工作效能，为电力行业的发展起到了推动作用。通过对大数据图像处理技术的运用，一方面可以为电力企业提供海量数据分析，完成电网运行状况的诊断和异常处置，如分析电力传输线路，通过分析和对比不同传输方案，并根据实际情况确定具体的输送方案；另一方面是发电站的建设前期需要做大量的数据分析工作，会耗费大量的人力和物力，通过大数据图像处理技术，可以让企业在短期内分析出各类建设选址情况的优劣，为电力公司的选址提供更可靠的支撑，能够提高电力公司的工作效率，减少企业的劳动工作量。大数据图像处理技术还能为电力公司处置用户反映的各类异常数据，帮助电力企业了解用户的群体特征、用户需求，以便有针对性地提升企业的服务质量。

图 3.1　大数据图像处理过程及特点

3.2.1　基建选址

基建位置的选择与电力企业的供配电效果和企业的收益有密切的关系，借助大数据的图像处理技术，可以为电力企业提供更加可靠的数据参考，方便企业的管理人员进行合理决策。借助此技术选择基建位置，不仅可以全面提升企业的劳动效率，还能帮助企业管理层在最短时间内做出最优决策。以某电力企业为例，在选择发电站地址时，首先借助大数据图像处理技术对各备选位置进行分析，在此基础上构建数据模型，通过模型分析和比较，并且根据影响基建的各类因素，排除某些不符合建设要求的选址，随后对剩余地址进行实地考察，最终确定最合适的地址。尽管大数据技术无法完全代替人工进行选址，但在很大程度上降低了基建选址的工作量。

3.2.2　用户需求分析

电力企业服务的对象是用户，用户对电力企业的评价及信赖程度决定着企业未来的发展，因此提升电力企业的服务水平至关重要。电力公司可借助大数据技术，对已有用户进行拓展，然后根据分析结果对用户的基本特征、具体需求等进行分析，以此为基础改变企业人员的工作方式，提升企业的整体服务水平。大数据图像处理技术可让电力企业对其用户有更加深入的了解，并可根据用户需求制定更有针对性的营销手段，为用户提供更加满意的服务。

在满足现有用户需求后，电力企业借助大数据分析技术还可以拓展潜在的用户，最大化实现自身的经济利益，提升企业的认可度和知名度，使其在市场竞争中立于不败之地。

3.2.3　智能化控制

电力企业的运维工作量较大，因网点过多，一旦出现故障，如果单纯依靠人工排查，不仅会耗费很多时间，还需要投入大量人力、物力。另外，人工作业花费的时长较多，会给用户用电造成较大的困扰，会损害用户和电力公司的利益。通过运用大数据图像处理技术，便能在较短的时间内找出故障，并在最短的时间内完成故障处置，最大限度地降低企业的损失。另外，借助大数据图像处理技术还能对故障原因进行分析，对故障处置以及提前防范同类型的故障具有重要的作用。

3.2.4　协同管控

任何事物都需要协同，协同对于企业的发展起到推动作用，电力企业也不例外，在发展过程中不仅需要依靠自身的技术，还需要与其他企业进行合作。通过运用大数据图像处理技术，能为内部人员管理、设备作业管理等业务流程提供数据，还能帮助企业了解行业的发展水平，了解其他企业的最新动向，做到知己知彼，有助于企业顺应市场变化，为企业制定科学的决策助力。大数据图像处理技术的运用，可确保电力企业稳定运行，对电力系统的良好发展起到推动作用。

随着电力行业的不断发展，我国电网规模也在不断扩大，电力行业的企业管理水平已无法满足自身需求。面对此种情况，电力企业需要采取新的技术和管理方式，以优化企业的运行模式和工作方式，从而从本质上提升自身的服务水平，为企业自身发展助力。电力企业借助大数据图像处理技术，不仅能够优化输电线路，还有利于收集和处理各类用户需求，使得企业能够全面了解用户的需求，并针对性地提升自身的服务水平。

3.3　大数据分析及挖掘技术在智能电网中的应用

随着电力信息化工作的不断推进，电力行业积累了数量极大且种类较多的生产运行数据，即电力大数据。电力大数据主要来源于电力生产和电能使用过程中的发电、输电、变电、配电、用电和调度等各个环节，可大致分为电网运行和设备检测或监测数据、电力企业营销数据、电力企业管理数据。智能电网可视化平台利用先进的大数据分析技术与电力系统模型进行结合，对智能电网建设成果进行展示并对电网运行进行诊断、优化和预测，为电网安全、可靠、经济、高效的运行提供保障。智能电网可视化平台整体采用大数据技术架构进行构建，能够对电网在运行过程中产生的大规模、多种类、结构类型复杂的业务数据进行全景容纳，全面反映电网运行、监测、能量采集和检修过程的整体情况。较之传统信息系统，基于大数据和云计算的智能电网可视化平台能够有效提升系统数据分析的并行能力、显著提高计算速度，进一步提升智能调度的科学性和前瞻性，解决电网运行状态检测和电能损耗等方面存在的问题，在负荷分布式控制和用户侧短期负荷预测方面取得突破。

3.3.1 智能电网可视化平台设计规划

1. 设计思路

随着大数据、云计算、物联网等新兴科技的发展，我国电力企业迎来生产模式和管理模式的转变，是实现可持续发展的重要契机，特别是对于坚强智能电网的建设，带来了深远的影响。通过大数据和云计算技术，能够有效提升电力调度、电网状态检测与问题诊断、电能损耗分析等电力企业关键业务的服务水平，增强电网企业智能决策和应对风险的能力。大数据在支撑电力企业业务发展的过程中，具备广阔的应用前景，基于大数据架构的智能电网可视化平台系统数据来源于国家电网省电力公司数据中心各系统，通过大数据技术进行数据清理、转换和展示。用电信息采集系统、区域新能源管理系统、故障抢修管理系统等多个系统同时通过数据接口将区域新能源实时数据、电网运行状态信息、用电信息、配电网抢修故障信息等系统的关键指标数据传输到大数据平台，利用大数据技术和云计算并行处理技术，对关键指标进行挖掘、分析，并通过三维可视化技术直观动态展现。平台的建设能够促进电力系统生产方式和管理方式的变革，推动风电、太阳能等新能源、清洁能源的消纳，帮助电力企业转变耗能高、排放高、效能低的现状，面向社会大众倡导节能减排理念，打造耗能低、排放低、效率高的绿色可持续发展方式，同时能够运用虚拟现实技术展现智能变电站、智能家居等智能电网取得的成果。结合大数据技术，挖掘并驯化数据，将包括结构化和非结构化数据在内的不同数据源的大数据进行收集、整理、清洗、转换后加载到直接可用的数据源中，根据关联分析、分类、聚类、回归预测等数据挖掘算法，进行智能电网可视化系统建模及数据可视化展现。系统具体设计思路如图 3.2 所示。

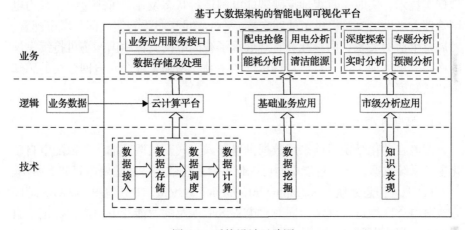

图 3.2　系统设计思路图

由图 3.2 可以看出，业务系统或数据中心数据全部利用大数据分析技术进行数据清洗、转换及分析计算，且大数据分析结果直接作为后续基础业务应用及高级分析应用的基础数据。

2. 基于大数据架构的智能电网可视化平台

大数据分析平台将逐渐融入智能电网全景数据，能够容纳海量、多样、快速率的电网运行、检修、能耗等电网信息资产数据，并运用海量数据和云计算模式提供高性能并行处理能力，以较快速度解析出规律性或根本性的判断、趋势或预测，在智能调度、状态检测、电能损耗分析、负荷分布式控制、用户侧短期负荷预测等领域存在极高的应用价值。电网全景数据的接入、存储、管理、挖掘和利用离不开先进技术的大数据平台支撑，数据服务质量的提高更离不开技术的保障。智能电网可视化平台采用大数据技术架构，该架构具备开源、可扩展、分布式应用计算的特点，为大数据实例化、具体化的应用提供了有效支撑，引入基于 flatfoop 架构的分布式存储、并行计算和多维索引技术，立足电力行业大数据自身特点，通过建立分布式并行计算平台，结合数据中心，解决电力生产、调度运行过程中需要准实时大规模信息采集、高吞吐、大并发的数据存取和快速高效地分析计算问题。

3.3.2 应用场景

智能电网可视化平台的建设，采用了先进的多媒体动画技术以及三维虚拟现实技术，实时、直观地反映智能电网运行状态及业务管理过程，并为电网管理人员做出决策提供了辅助支持。平台立足于坚强智能电网与城市理念、发展及生活的关系，向全社会直观展示了智能电网支撑中国经济可持续发展的作用，更体现了人与自然和谐相处的主题，增强了社会对电网公司的感知度和认知度。

1. 配电自动化系统

配电自动化系统目前采用数据批量导入方式，从调度部门获取配电自动化主站系统数据，导入智能电网可视化平台系统数据库，主要内容如下所示。

(1)地埋信息系统(geographic information system, GIS)地图。以 GIS 地图方式对电谷区域进行展示，同时对电谷区域涉及的智能变电站进行标记，直观地展示智能电网分布情况。

(2)谷峰差。以柱状图方式对变电站每天的谷峰差进行展示，为工作人员分析用电情况提供依据。

(3)谷峰差率。以柱状图方式对变电站每天的谷峰差率进行展示，为工作人员分析用电情况提供 24 小时实时负荷对比。

(4)遥控成功率。以仪表盘方式对电谷区域终端设备遥控成功率进行展示。

(5)终端在线率。以仪表盘方式对智能电网建设中的智能终端设备在线率与投运率进行展示。

2. 输电线路在线监测系统

智能电网可视化平台目前对输电线路在线监测系统以链接的方式进行数据接入，主要对线路在线监测系统中安装的监控设备反馈回的现场环境信息进行展示，具体包括以下内容。

(1)气象信息。利用输电线路气象监测设备进行数据采集分析，最终以表格的形式将当天某一时刻数据展示到输电线路在线监测系统中，包括风速、降雨量、气温、气压、相对温度、最大风速、极大风速、光照强度等数据。

(2)绝缘子污秽。利用绝缘子污秽度监测设备进行数据采集，包括盐密、灰密等指标。以曲线形式将最近一个月的数据展示到输电线路在线监测系统中。

（3）导线温度。主要对导线温度进行监测，以曲线的形式将最近一个月的数据展示到输电线路在线监测系统中。

（4）导线弧垂。对导线弧垂、导线对地距离进行监测，以曲线的形式将最近一个月的数据展示到输电线路在线监测系统中。

（5）塔杆周边环境。通过高清摄像头对塔杆周边环境进行实时监测，将塔杆周边环境照片传输给输电线路在线监测系统，固定时间间隔更新图片。

3. 清洁能源

进行分布式光伏电源发电预测研究，光伏电源接入系统后需要开展系统电压稳定、电源接入容量、电能质量等专题研究，同时开展分布式光伏发电实时监控研究。

（1）新能源系统接入。采集每个月光伏用户的各种数据，形成光伏用户分布图。通过数据沉淀及数据分析方式，展示出每个光伏用户的发电量。

（2）光伏发电、风力发电实时监控。通过安装高清摄像头，对光伏发电设备进行实时监控，将监控画面传输到可视化平台系统中，供工作人员参考。对风力发电设备进行实时监控，将设备运行状态信息传输到智能电网可视化平台系统中。

4. 智能家居

对智能家居进行两方面展示，一是对智能家居概念及应用情况进行文字性介绍，二是通过视频仿真模拟技术，对智能电网建设工程在智能家居领域取得的成果进行展示。智能家居所需要的控制系统主要包括智能安防控制系统、智能家居控制系统、智能灯光控制系统、智能家电控制系统、家庭直流光伏系统五部分。

5. 配电网故障抢修

通过 GIS 地图展示故障点位置，突出显示，点击查看具体故障信息，并可对停电影响的台区及用户信息进行查询，同时实现车辆信息的实时监控展示。具体步骤如下所示。

（1）GIS 地图标注。在 GIS 地图上对故障点进行标注，直观反映给工作人员，提高故障处理效率。

（2）数据接入。对故障抢修系统中的故障分布统计情况、故障点位置信息、故障原因等数据进行提取，通过图表等形式进行展示。

(3)车辆定位。实现抢修车辆位置定位功能，显示抢修车辆的实时运行轨迹。

(4)信息查询功能。实现停电影响地区和用户的查询功能。

6. 现场监控

加大对发电设备监控力度，为智能变电站、光伏发电设备、风力发电设备安装高清摄像头，进行视频监控。通过视频图像采集终端设备以及无线网络，将传来的图像、视频等数据展示在智能电网可视化平台系统中。

7. 智能变电站

通过智能电网可视化平台系统对智能变电站的建设规模、建设内容进行介绍。通过实时视频的接入监控各个站中主要设备的运行情况及状态，对智能变电站进行全方位展示，并且对智能变电站进行三维仿真模拟，可采用三维模拟动画的方式巡检整个智能变电站。

随着坚强智能电网全面建设的不断推进，电网数据资源呈现几何级增长，以大数据、云计算为代表的全新 IT 技术在电力系统的建设中被广泛应用，数据与技术的结合，为优化电能生产、合理调配资源提供决策依据。运用大数据、云计算技术推动智能电网的发展已经成为时代的必然选择，而大数据也必将成为电力企业的核心资产。大数据分析技术将被应用于智能电网的方方面面，将为我国电力事业发展做出更多的贡献。

3.4 非结构化大数据存储与处理技术在智能电网中的应用

3.4.1 非结构化大数据存储与处理技术应用架构设计

非结构化大数据存储与处理平台应用架构设计如图 3.3 所示，共包含四个层级，即平台存储层、平台核心层、平台功能层以及平台接口层。平台存储层，是基于不同时间间隔以及价值密度的非结构化数据存储需求，包含平台访问(事务/一致性)、高频访问(访问/性能)、低频访问(冗余/安全性)、归档存储(海量/完整性)这四类存储结构；平台核心层，是以平台的存储架构为基础，进一步提供存储策略、策略路由、文件索引、文件缓存等功能，提升非结构化数据存储配置及管理能力；平台功能层，是支撑用户访问非结构化数据平台时进行文件访问、安全控制、内容处理以及文件管理相关操作所需的能力层，

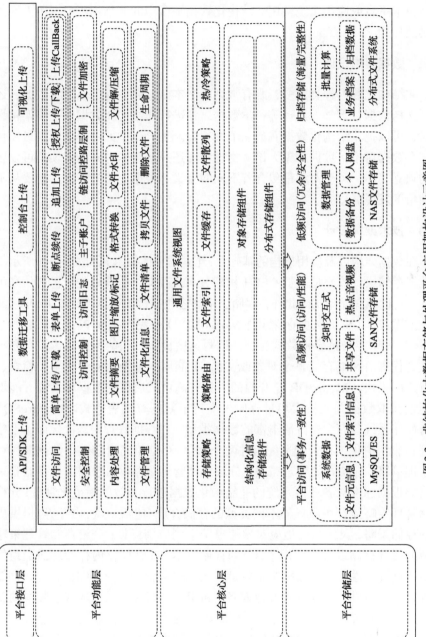

图 3.3　非结构化大数据存储与处理平台应用架构设计示意图

是用户访问非结构化数据平台时最直观的应用逻辑架构；平台接口层，包含其他技术平台或应用系统调用非结构化数据平台中的非结构化数据所需要的工具及功能。

3.4.2　数据架构设计

非结构化数据种类繁多，既有常见的文本、音频、视频及网页数据，还包括文档数据、天气、地理等科学数据。在进行非结构化数据的存储架构设计时，可以把非结构化数据看成一个大集合。集合当中的每个元素则可以作为一个数据对象，数据对象无论从物理角度还是从逻辑考虑，必须是可以区分的独立实体。每个对象都包含着不同的意义，根据应用的不同，需要从不同角度发现信息。

3.4.3　技术架构设计

在数据架构以及应用架构的基础上，建立的整体技术架构如图 3.4 所示。在数据存储层，核心是基于 CEPH 构建分布式存储，构建可先行扩展、高可用性、高性能存储架构。此外，存储层组件还包括键值数据库技术 Redis、文档数据库技术 ES、元数据存储组件 MongoDB、关系型数据库 PostgreSQL 等。Redis 数据库能支持多种数据类型，读写速度极快，还能用作高速缓存和消息队列代理。ES 能存储整个对象或文档，也能用于复杂的检索或全文检索、执行速度极快。MongoDB 是开源的、具有高可扩展性的数据库系统，能够便捷地获取数据并支持大容量存储，支持丰富的查询表达式。PostgreSQL 能跨操作系统运行，支持最丰富的数据类型。在数据管理层，包含存储策略管理和非结构化内存管理适配组件两个部分。存储策略管理包括数据编目存储管理策略、异构存储管理策略、分级存储管理策略等。数据编目存储管理策略能根据标准对各业务系统的非结构化数据进行有效的规范化管理；异构存储管理策略能利用服务器不同类型的存储介质（包括硬盘、内存等）提供更多的存储策略，灵活高效地应对智能电网不同应用场景；分级存储管理策略能帮助提升存储设备的利用率，节约存储成本。非结构化内存管理适配组件包括数据统一性管理、数据版本管理、数据权限管理、数据编目管理、存储资源管理等组件。结合存储管理策略，利用这些组件，能实现基于版本的新增、获取、删除等功能，避免非授权的数据调用，并为企业提供一整套非结构化数据管理工具，帮助企业有效、规范地管理非结构化数据。在数据处理分析及服务层，融合了纵向交换、共享分发、文档转版、格式转换、全

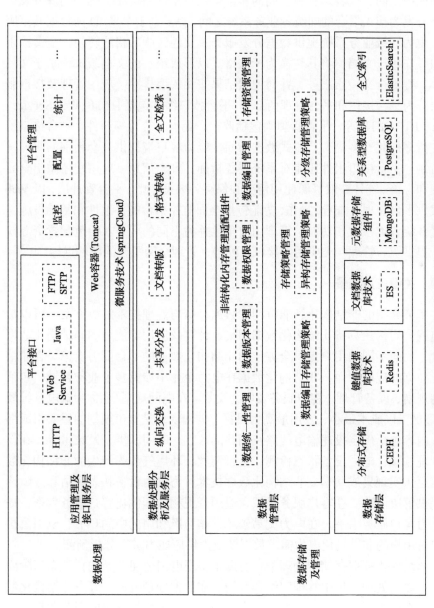

图 3.4   非结构化大数据存储与处理平台技术架构设计示意

文检索等数据处理及分析组件。纵向交换组件针对二级部署的系统，提供省级与网级之间，或者跨省级之间的非结构化数据透明调度，统一实现分发；共享分发为接入平台的同级各业务系统之间，提供基于全局 ID 的数据共享服务，也为同级业务系统提供数据分发服务；文档转版、格式转换、全文检索等组件作用于文档，将其转换为标准格式以形成统一的文档版式，基于文档内容，提供全文检索服务，并对搜索结果按相关度排序。应用管理及接口服务层分为平台接口和平台管理两部分，平台接口组件包括 HTTP、Web Service、Java、FTP/SFTP 等，平台管理则包括监控、配置、统计等组件。平台接口组件支持多样化、多语言、流式数据访问，能为客户端提供一套精细的服务发现机制。平台接口组件还能对系统层各指标、日志信息、应用程序做出全面监控和告警，统计获取资源使用情况并保存到数据库中。平台管理层，以 Web 形式供平台管理员查看、操作，功能包括全面监控平台的各组件和基础设施，配置系统各类参数和功能，管理用户角色并为不同的用户、角色配置资源权限，提供统一管理各类应用的接口，配置、管理全网平台的部署点等。

3.4.4　关键应用场景

本节介绍的非结构化智能电网大数据存储与处理技术解决方案，可以帮助电网公司构建具备非结构化数据归集、计算及应用等能力的非结构化数据平台，面向不同的用户提供全方位的非结构化数据的平台能力支撑。在非结构化数据的应用方面，非结构化数据在电力企业中涉及多个业务领域，包括电网规划、设备管理、客户服务及电力交易。在电网规划（也称为输电系统规划）领域，以成本最小、效用最高为目标。电网规划是城市规划的重要组成部分，内容包括确定投建输电线路及回路的地点、时间、类型及数量等。在设备管理领域，电力设备状态检测、运行调度、环境气象等产生的非结构化数据正逐步实现集成共享，非结构化数据技术可为电力设备状态评估和故障诊断提供解决思路。在客户服务领域，应用音视频数据优化客户服务效率，提升电力客户服务水平。在电力交易领域，作为产和用的中间环节，电力公司需要对用户的非结构化电力需求数据及电力供应能力进行分析预测。

非结构化数据存储与处理平台有助于实现电网公司非结构化数据三阶段目标：数据处理、集中管理和综合利用。在数据处理方面，开发非结构化数据服务平台有利于丰富企业数据资产，确保企业级数据资源的规范化整合及利用，利用平台的存储计算能力实现各业务系统数据共享。在集中管理方面，非结构化数据处理平台可集中服务于企业内多个业务系统，解决数据安全的问题，并且可将内外数据进行整合并进行企业后续数据整合分析环节，进一步消除各部门数据孤岛现象。在综合利用方面，数据处理平台可改善现有企业非结构化数据分发、调度的问题，支持海量非结构化数据的采集、存储、检索、分析等规范化基础服务，进而获取高效合理的决策方案并提高企业业务效率。总之，非结构化数据存储及处理平台有助于电力企业轻松集成业务流程规范、运行及有效的合作管理，助力电力企业实现自动化、信息化目标。

3.5　电力大数据在智能电网中的应用

随着互联网的普及，人工智能、云计算和 5G 技术的日益发展和完善，人们在每天的工作生活中都会产生大量的数据。通过对这些大数据的深入挖掘，企业能提高生产效率、降低生产成本，政府可更加有效精准地制定政策，居民生活将变得更加方便舒适。电力工业作为国家重大的能源支撑体系，应用领域越来越广泛。近年来，随着国家有关部门的重视，电力行业也在不断向着信息化方向发展。伴随电网智能化程度的不断提高，云计算、物联网等新兴技术与电力行业的融合更加明显，也使得电力行业的数据出现了井喷式增长。在这样的背景下，无论是贯彻国家政策的要求，还是企业谋求深远的发展，都需要重视电力行业大数据的建设和应用，不断通过大数据提高企业的运营能力和行业竞争力。电力与大数据的结合，成为电力系统应对新需求、新形势的出路。

3.5.1　电力大数据的来源

智能电网数据来源丰富，数据产生于电力系统的运行过程，包括生产、管理等多项内容，这是智能电网得以顺利运行的关键。电网大数据按照业务进程划分，可以分为电力系统生产监测大数据、电力企业运营大数据、电力企业管理大数据三类。

（1）电力系统生产监测大数据。电力系统生产监测大数据是电力大数据采集的重点，关系到电网的稳定运行。其数据主要分为实时生产数据和设备全生命周期数据两类，按照生产环节的不同，也可以分为发电侧数据、输电侧数据、用电侧数据。具体包括设备台账、发电量、实时出力、电压电流、备用容量等数据。利用此类数据可以对设备基本属性和运行情况做出判断，指导变电设备检修与缺陷分析等工作。

（2）电力企业运营大数据。在电力企业供电运营的过程中也会产生大量的数据，这也是电力大数据的来源之一。电力企业运营大数据具体包括交易电价、用户具体数据以及售电情况等，对这些数据进行分析和挖掘，可以掌握用户的行为特点，也能对电力企业运营情况开展分析，为电力企业的经营决策提供指导。

(3)电力企业管理大数据。电力企业管理大数据指的是企业资源计划(ERP)系统、一体化平台、协同办公平台等运行时产生的数据，这些对电力企业的管理工作有着重要的作用。利用大数据相关方法对这些数据进行分析和管理，为电力企业的日常管理提供参考，提高日常工作效率，更好地为用户提供服务。

3.5.2　电力大数据的特征

电力是国民经济发展和人民生活所需的基础性能源，随着社会的进步及人民生活水平的提高，各领域对电力的需求越来越大，种类也越来越多。将电网大数据的特点概括为规模性、多样性、高速性、价值性、有效性和真实性，具体体现在以下四点。

(1)电力互联网中数据量巨大。随着智能电网建设的逐步推进，越来越多的智能电表和监测设备投入到电力系统中，这些设备时刻都在产生大量的数据，是电网稳定运行的基础。同时，随着新时期物联网技术的进步，能源的生产和应用从电力扩充了与电力存在能源转化和互通互动的供热系统、供冷系统、燃气系统、交通系统，这极大地丰富了电力数据的来源。

(2)电力数据结构复杂、种类繁多。电力数据产生于电力系统的运行监测和企业的运营管理过程中，在做好结构化数据处理的基础上，也要做好半结构化和非结构化数据的分析。同时随着新技术的引进和服务平台的建设，其数据种类也得到进一步扩充，如信息系统的语音数据、设备在线监测系统中的视频数据与图像数据等。

(3)电力数据实时性强且增长快。电力作为一种能源数据，其生产、转换和消费也是瞬间完成的，这就对电力系统的实时性提出了要求。同时在整个能源互联网中也包含着很多实时数据，并且许多分析结果也对实时性有着要求。在智能电网的建设中，智能变电站、智能电表、电力设备在线监测等得到了大量运用，电力系统产生数据的规模和种类快速增长，体量激增。

(4)电力数据蕴含着巨大的价值。电力数据信息可以为电力供应相关部门制定战略规划提供参考，同时也是电力企业运营管理的重要基础。大数据背景下，电力数据显得更为重要。电力行业需要不断挖掘其业务数据的潜在需求，探索相关的理论方法，使得电力信息系统得到进一步扩展，以便适应数据量的迅速增长、数据类型的繁杂和时效性的不断提高[35]。

3.5.3　电力大数据在智能电网中的作用

电力大数据的价值在于能挖掘数据之间的关系和规律，在保证供电充裕度、优化电力资源配置以及辅助政府决策、能源利用等方面将会产生颠覆性作用。

通过电力用户特征分析发现用电规律，从需求侧预测电能供给，从而指导电力生产，改变现有通过粗犷式——定量的备用电容应对紧急情况的方式，增加电能的利用率。同时，通过用户用电习惯分析，也有利于电力营销的进行。

通过电力大数据可以清楚地知道全国电网的分布情况与电力使用情况，发现电网布局或者发电、输电、变电环节的不合理现象，让政府的相关决策以数据为基础，让电网更科学、更智能。

电力大数据因其全生命周期性、全系统覆盖的特征，能通过数据发现电力生产与电力服务之间的问题，预防大规模停电的发生，在保证供电稳定性以及灾害天气时电力的恢复速度方面，提供了坚强后盾。

电力作为生产、生活中必不可少的基础能源系统，是构筑绿色、节能、便利的智慧城市系统和发展"一次性能源的清洁替代和终端能源的电能替代"的大能源系统的枢纽环节，精准的电力大数据无疑是该枢纽中的"核心"，起着牵一发而动全身的作用。

3.6　电力大数据背景下创新电网规划

3.6.1　电力大数据背景下创新电网规划体系

智能电网的不断开发与利用，不仅能为电力能源运输期间的安全稳定性提供保障，也能有效解决供电网络中存在的问题。针对智能供电网络实际运行频繁发生故障点定位不明确，或者覆盖面广等问题，需要对其不断完善与优化，在电力大数据背景下对智能电网做出相关规划。

1. 电力大数据背景下电网规划体系的分析

随着社会经济的快速发展，无论是传统电网规划手段还是理念，都已然无法更好地满足时代不断进步的要求。针对此现象，电力企业应基于电力大数据背景，拟定切实可行的电网规划体系，进一步提升电力企业在市场的综合竞争力。普遍来讲，电网规划体系由数据获取、数据处理以及数据应用三个部分组合而成，其主要是以电网建设需求为基础，借助电力大数据的广泛性优点，针对性地对智能电网方案进行设计，当然，也要做好用户交互等规划工作，如此一来，不仅能进一步提升智能电网的建设价值，也能从根源降低产生经营风险的概率。

2. 电网规划体系中构成模块的具体功能

1）数据获取

数据获取功能主要能够全面、准确地收集地理信息和用电需求等数据。针对地理信息相关数据的收集，工作人员需要利用无人机航测与雷达测绘等技术，或采用传统人工测绘收集数据信息模式，确保其能够形成良好的电力大数据。针对电网管理数据信息，主要是传递与储存相关领域和部门的数据，为电力大数据的形成和应用提供协助，借助反馈与收集平台，全面获取用户的用电需求数据，但值得注意的是，目前还没有获取相关数据和信息的特定技术。

2）数据处理

在科技水平日新月异发展的背景下，无论是新型内存计算技术，还是索引机制技术都有了很大的进步，电网规划体系中所包含的数据处理功能也越来越完善，这不仅切实提升了获取数据信息的实用性，而且在很大程度上避免数据信息由时间问题而产生的失真。数据处理具体步骤：首先，及时查找错误信息，并对其进行妥善的修正；其次，全面了解所有数据信息的实际特点；再次，深入分析各数据之间的关联性；最后，深入挖掘数据之间的关系，为数据信息的有效性提供保障。

3）数据分析

数据分析功能的科学应用，能够促使相关工作人员合理利用数据信息实施电网规划工作，也能为具体规划方案的科学性与规范性提供保障。例如，电力企业在了解地方用电规模和对象之后，要对其真实用电需求进行全面了解，循序渐进地完善与优化智能电网，不仅节约了成本，而且也能获取最大化经济效益。

3.6.2　电力大数据背景下电网规划研究

随着我国电力事业突飞猛进的发展，无论是智能电网还是物联网等领域，都有了很大的进步与发展，促使电力大数据逐渐呈急速上涨的趋势，越来越多的优势显而易见，如数据量大、精准性与实用价值高等，当然也与用电、配电、发电等领域息息相关。在电网规划的过程中，有效结合电力大数据，能够确保相关工作人员冷静面对电力电网生产与应用阶段所形成的问题，从而更加妥善地对其进行解决，为电力企业未来的持续、长远发展提供帮助。

1. 最大限度发挥智能化在信息收集的优点

电网工作人员最终获取的数据信息是否有价值在很大程度上取决于信息收集手段的合理性。智能化信息收集方式有着可控性强、运用灵活等优势，合理利用智能化信息收集方式，能够在很大程度上提升工作人员的信息收集水平。因此，工作人员可通过无人机技术、遥感技术以及定位技术等信息收集方式，合理地对电力大数据信息进行收集与储存，提升获取相关数据与信息的速度。

2. 进一步提升处理大数据的技术水平

结合我国电力目前发展情况来看，电网规划融入电力大数据的速度要远远高于工作人员数据信息的处理速度，从而导致电力大数据信息资源在应用阶段可能会诱发资源利用不合理等现象。为了规避此类问题的发生，电力企业应结合实际情况，引进先进的处理技术，切实提升电网规划体系工作水平。例如，工作人员可在电力大数据信息处理模块中有效结合传感技术与光纤技术，以此来实现电力大数据处理能力的提升，确保在智能电网规划中电力大数据的应用越来越广泛。

3. 加强提升人才质量不断完善与优化管理机制

在电网规划中融入电力大数据，应借助与之相匹配的技术和新型技术，再结合实际情况，采取切实可行的措施，建立健全的人才保障机制与运行机制。针对人才质量的提升来讲，可从以下两点入手：①电力企业在参考国内外各种成功的案例后，要综合考虑电力企业自身特点和缺点，拟定针对性的大数据运行管理机制，进一步提升数据信息的真实性。例如，电力企业应结合实际情况，拟定相应的保密制度，促使工作人员能够在对数据信息进行处理的过程中，通过切实可行的措施，避免出现数据信息泄漏的问题。②电力企业要定期组织培训活动，积极引进复合型人才，切实提升工作人员的工作能力与综合素质，充分挖掘电力大数据信息中潜藏的价值。在电网规划中有效融入电力大数据信息,能够确保电力企业更加规范地开展电网规划作业[36]。

大数据时代的来临是未来的必然趋势,这对于电力行业来说既是挑战,也是机遇。在电力行业的进一步发展中,需要意识到大数据技术在电力系统的生产运行、企业的运营发展、配用电分析等领域应用的重要性。电力企业的大数据体系建设是未来发展的关键点,通过良好的数据管理和有效的数据挖掘,实施相关大数据策略,不仅可以保证电力系统的稳定运行,而且对于提高电力营销的质量和企业竞争力有着重要的意义。

3.7　本　章　小　结

本章首先介绍了大数据当前相关的一些核心关键技术;然后详细地讲述了大数据关键技术在智能电网中的应用;最后介绍了电网中的电力大数据,同时讲述了在电力大数据背景下创新电网的发展规划。

第4章　新能源汽车和充电桩应用下的智能电网

以电动汽车为代表的新能源汽车能够减少传统汽车对于周围环境的污染和石油资源的过度浪费,因而其成为当下汽车工业研究的重点领域。随着近十年电池技术的进步,动力电池的能量密度和循环充电次数得到了显著提升,充电技术也有了长足的进步,且随着全球汽车数量迅猛增长,石油资源过度消费,空气质量每况愈下,大量的尾气排放已经开始危害人类健康。在这样的背景下,部分国家提出了一系列政策以提高经济效益和抑制环境污染。同时电动汽车迎来一个新的发展高潮,因为电动汽车具有以下优点。

(1)环保性。由于电动汽车仅靠电池驱动且可大量利用清洁能源充电,相比传统燃油汽车而言,电动汽车能够大幅度减少城市中的尾气排放量。

(2)经济性。伴随着国际原油价格的不断走高,电动汽车在经济性上的优势愈加明显,以当前的油价和电价为例,电动汽车每公里运行成本仅约为燃油汽车的五分之一。

(3)稳定电网运行。随着电网的智能化属性不断增强和电动汽车充电控制技术的日渐成熟,未来的电动汽车不仅作为电网的一种负荷,而且可以作为一种分布式的移动电源与电网进行双向互动。电动汽车可以作为可移动的分布式储能装置在电网的负荷高峰时期接入电网,帮助电网削峰填谷和平衡负荷。与此同时,可利用其储能特性与新能源发电进行一种良性互动,利用电动汽车平抑新能源的波动性,提高电网吸纳新能源的比例[37]。

充电设施作为电动汽车的重要配套基础设施,也具有巨大的发展潜力。国家及地方出台多项政策助力充电设施产业发展,国内充电设施已形成规模化快速发展态势,并建成了世界上最大规模的充电设施网络。5G、电力物联网、大数据、云计算等新技术快速发展,促使跨学科技术融合及能源数字化浪潮涌现。新技术加速推动能源行业市场新模式与新业态,并提升能源信息平台承载能力、业务应用水平和智能决策水平,推动能源生产与消费形式变革,改变能源系统价值链和商业形态。充电设施作为连接智能电网、智能交通和智慧城市的关键设备之一,在新基建背景形势下,综合5G、电力物联网、大数据、云计算等相关技术进行跨学科融合创新[38]。

4.1　新能源汽车和充电桩关键技术

4.1.1　V2G 技术

1. V2G 的基本概念

V2G（vehicle-to-grid）技术描述的是一种新型电网技术，电动汽车可以作为电力消费体，同时，闲置时可作为绿色可再生能源为电网提供电力，实现在受控状态下电动汽车的能量与电网之间的双向互动和交换。V2G 技术体现的是能量双向、实时、可控、高速地在车辆和电网之间流动，充放电控制装置既有与电网的交互，又有与车辆的交互，交互的内容包括能量转换、客户需求信息、电网状态、车辆信息、计量计费信息等。因此，V2G 技术是融合了电力电子技术、通信技术、调度和计量技术、需求侧管理等的高端综合技术。V2G 技术的实现将使电网技术向更加智能化的方向发展，也将使电动汽车技术的发展获得新突破。电动汽车具有用电间歇性与随机性特点，在大规模接入电网时会产生较大的功率波动与冲击。为解决此问题而提出的电动汽车入网 V2G 技术，是近年来迅速发展的一个研究方向。在 V2G 架构下，电动汽车同时具备源、荷二重属性，打破了传统电源与电网"双向通信，单向输能"的局限，凭借"双向通信，双向输能"的特性同时惠及电网侧与用户侧，实现平抑电网负荷、提升可再生能源消纳、改善用户经济效益、减少网损等综合目标。

2. V2G 系统各部件

1）双向智能充放电装置

实现电动汽车能量的双向流动，通过外部控制器选择工作模式。将装置与家庭电网相连。当选择充电模式时，充电装置向电动汽车充电，并由后台管理系统控制其开始与结束；当选择 V2G 模式时，车辆根据已设置的电池的充放电容量上下限阈值及后台管理系统的整合数据判断是否可以进入 V2G 的工作状态，并通过人机交互终端进行工作进程的显示。现阶段可采用三相全桥双向脉冲宽度调制（pulse width modulation，PWM）变换对电池进行充放电，并在电网交流侧与电动汽车侧采用隔离变压器进行电气隔离。

2）人机交互终端

人机交互终端系统结构如图 4.1 所示，人机交互终端是指具有界面显示、身份识别、双向智能充放电控制模式、票据打印、数据管理和查询、语言切换、用户操作帮助和异常信息提示等功能的应用，它由嵌入式控制器、触摸显示屏、CAN 通信卡、扩展通信卡、微型打印机等部分构成。这些构成元素使得人机互动终端变得非常智能，能够为用户带去很好的体验，这也是科技发展的重要体现。

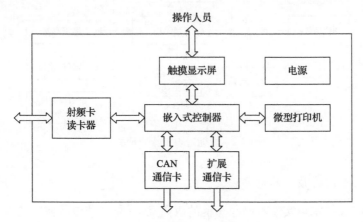

图 4.1　人机交互终端系统结构

3) 后台管理系统

后台管理系统是整个电动汽车入网系统的控制中心，能控制汽车充放电的容量及次数，能够采集多种所需信息，对这些信息进行分析，然后下达控制指令，让汽车能够更好地运行，并且对能源的节约也具有积极的作用。电动汽车在整个系统之中能够发生的一切操作都由后台管理系统控制，这给使用者带来了极大的方便，让使用者能够在汽车运行过程中放心操作。

4) 车辆电池管理系统

车辆电池管理系统(battery management system，BMS)是对车辆电池的状态和性能进行智能化管理的设备，BMS 能够在电池装置和车辆-预碰撞安全系统之间建立起联系，根据这个联系得到电池装置在进行充电或放电时的状态，通过分析数据，对已经执行的策略进行更改或者继续执行，以保证车辆运行的安全，延长电池的使用寿命。

5) 智能电表

智能电表也是 V2G 应用中的重要组成部分，其工作原理如图 4.2 所示。工作流程是通过电流互感器进行双向取样，同时进行电压取样，然后将取样信息传给计量芯片，芯片进行分析后接着将信息传递给微控制单元(micro control unit，MCU），MCU 便将信息进行整合，将不同信息传递到各个信息终端，包括校表脉冲输出、数据存储、光通信接口、电力载波/无线通信模块等。可见，智能电表的主要功能是双向计量、双向通信和事件记录[39]。

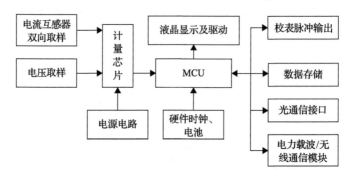

图 4.2　智能电表工作原理图

3. 发展 V2G 技术的重要意义

(1) V2G 技术可实现电网与车辆的双向互动,是智能电网技术的重要组成部分。V2G 技术的发展将极大地影响未来电动汽车商业运行模式，与智能车辆和智能电网同步进展，可外接插电式混合电动汽车(plug-in hybrid electric vehicle，PHEV)和纯电动汽车(electric vehicle，EV)，将在 20 年内成为配电系统不可分割的一部分。该技术不但能够储能，还能平衡需求、紧急供电和保障电网的稳定性。90%以上的乘用车辆平均每天行驶 1h，95%的时间处于闲置状态。将处于停驶状态的电动汽车接入电网，并且数量足够多时，电动汽车就可以作为可移动的分布式储能装置，在满足电动汽车用户行驶需求的前提下，将剩余电能可控回馈到电网。

(2) 应用 V2G 技术和智能电网技术,电动汽车电池的充放电将被统一部署,根据既定的充放电策略,电动汽车用户、电网企业和汽车企业将获得共赢。

①对电动汽车用户而言，可以在低电价时给车辆充电，在高电价时将电动汽车储存能量出售给电力公司，获得现金补贴，降低电动汽车的使用成本。

②对电网企业而言，不但可以减少因电动汽车大力发展而带来的用电压力，减少电网建设投资，而且可将电动汽车作为储能装置，用于调控负荷，提高电网运行效率和可靠性。

③对于汽车企业，电动汽车目前不能大规模普及的一个重要原因就是成本过高。V2G 技术使得用户使用电动汽车的成本有效降低，反过来必然会推

动电动汽车的大力发展，汽车企业也将受益。

（3）V2G 技术还使得风能、太阳能等新能源大规模接入电网成为可能。风能和太阳能受天气、地域、时间段的影响，不可预测性、波动性和间歇性使其不可直接接入电网，避免影响电网稳定。目前所建风力发电厂的 60%以上能量都因为不够稳定而不能接入电网。通过 V2G 技术，可用电动汽车来储存风力和太阳能发出的电能，再稳定送入电网。

4. V2G 技术的实现方法

现在的电动汽车具有多样性的特点，种类繁多、用途各异，电动汽车不同所采用的供电方式也不相同，这就决定 V2G 具有不同的实现方法。根据应用对象的不同，可以将 V2G 实现方法分成四类。

1）集中式的 V2G 实现方法

集中式的 V2G 是指将某一区域内的电动汽车聚集在一起，按照电网的需求对此区域内电动汽车的能量进行统一调度，并由特定的管理策略来控制每台汽车的充放电过程，例如，修建供 V2G 使用的停车场。

对于集中式的 V2G，可以将智能充电器建在地上，这样能够节约电动汽车的成本。同时，由于此种方式采用统一的调度和集中管理，可以实现整体上的最优。例如，通过先进的算法可以计算每台汽车的最优充电策略，保证成本最低及电力最优利用。

2）自治式的 V2G 实现方法

自治式 V2G 的电动汽车经常散落在各处，无法进行集中管理，因而一般采用车载式的智能充电器，它们可以根据电网发布的有功、无功需求和价格信息，或者根据电网输出接口的电气特征(如电压波动等)，结合汽车自身的状态(如电池单片系统(system on chip，SoC))自动实现 V2G 运行。

自治式 V2G 一般采用车载的智能充电器，充电方便，易于使用，不受地点和空间的限制，自动地实现 V2G。但是，每一台电动汽车都作为一个独立的节点分散在各处。由于不受统一管理，每台电动汽车的充放电具有很大的随机性，是否能保证整体上的最优还需进一步研究。此外，车载充电器还会增加电动汽车的成本。

3）基于微电网的 V2G 实现方法

微电网是一种由负荷和微型电源共同组成的系统，它可同时提供电能和热量。微电网内部电源主要由电力电子器件负责能量的转换，并提供必需的控制，微电网相对于外部大电网表现为单一的受控单元，并可同时满足用户对电能质量和供电安全等的要求。

基于微电网的 V2G 实现方法，实际上是将电动汽车的储能设备集成到微电网中，它与前两种实现方法的区别在于，这种 V2G 方法作用的直接对象不是大电网，而是微电网。它直接为微电网服务，为微电网内的分布电源提供支持，并为相关负载供电。

4）基于更换电池组的 V2G 实现方法

此外，还有一种基于更换电池组的 V2G 实现方法，其源于更换电池组的电动汽车供电模式。它需要建立专门的电池更换站，在更换站中存有大量的储能电池，因而也可以考虑将这些电池连到电网上，利用电池组实现 V2G。这种方法的原理类似于集中式 V2G，但是管理策略上会有所不同，因为电池最终是要用来更换的，所以必须确保一定比例的电池电量是满的。它融合了常规充电与快速充电的优点，在某种意义上极大弥补了续驶里程不足的缺陷，但是它迫切需要统一电池及充电接口等部件的标准。

5. V2G 涉及的关键问题

1）从电网角度对 V2G 进行智能调度

采用 V2G 的供电策略，可以使电网的发电量需求增加最少，并使基础设施投资最少。从电网的角度对电动汽车的储能源进行规划与调度，实质是对各个 V2G 单元以及电网其他发电单元进行调度。电网各个发电单元的作用不相同，容量较大的发电单元价格便宜，但是响应速度慢，适用于提供基本负荷；容量较小的发电单元价格昂贵，但响应速度快，一般用于峰值负荷。规划的作用就是利用 V2G 尽可能减少电网对昂贵发电单元的依赖，并减少无功补偿装置的使用。这就需要电网根据自身的负荷状况、可再生能源的发电状况以及 V2G 单元可用容量等信息，事先计算出对各 V2G 单元的有功和无功需求，并给出合理的电价。对此有两种方式，第一种是由电网直接对接入的每台电动汽车连同其他发电单元进行统一调度，采用智能算法来控制每台汽车的 V2G 运行。但是，这种方式会使问题变得异常复杂。此外，这种方式是从电网的角度来考虑的，并没有从用户的角度进行分析。第二种是在电网与电动汽车群之间建立一个中间系统，该中间系统将一定区域内接入电网的电动汽车组织起来，成为一个整体，服从电网的统一调度。这样电网可以不必深究每台电动汽车的状态，只需根据算法向各个中间系统发出调度信号（包括功率的大小、有功还是无功以及充电还是放电等），而对电动汽车群的直接管理，则由中间系统来完成。

2) 从用户角度对 V2G 进行智能充放电管理

从电网的角度让电网对电动汽车储能源供能进行调度的直接受益者是电力供应商和运营商，并没有考虑电动汽车用户的利益。此外，只讨论了电网与中间系统，并没有涉及单独每台电动汽车的 V2G 运行，因此还需要研究中间系统对每台电动汽车的智能充放电管理策略。电动汽车 V2G 的智能充放电管理策略描述的过程是中间系统根据电动汽车的充电需求对能量进行合理的供应，同时根据电网需求将电动汽车能量反馈给电网。对于每一台与电网相连的电动汽车，一方面要通过 V2G 来提供辅助服务，另一方面还要从电网获取能量为电池充电。但是，无论是提供辅助服务（放电）还是从电网获取能量（充电），其过程并不是随意的、毫无限度的，需要实时考虑电动汽车当前及未来的状况，如电池 SoC、未来行驶计划、当前的位置、当前电力价格以及联网时间等信息。这样做是为了在保证正常行驶的前提下使用户获得最优。针对这些问题，日本东京大学的 Sekyung Han 等针对 V2G 频率调节服务，提出了一种最优的集成策略，它能够充分利用电动汽车的分布功率来供给电网。但该策略只是针对频率调节，如果应用于其他服务，还需要另外进行修改。美国密苏里科技大学的 Chris Hutson 等提出了一种智能方法来安排使用 PHEV 和 EV 的可用能量存储，同时采用二元粒子群最优方法计算出一天内合适的充放电时间，并使用 California ISO 数据库的价格曲线来反映真实的价格波动。美国密苏里科技大学的 Ahmed Yousuf Saber 等研究了在受限停车场内的 V2G 管理问题，采用现代智能控制方法对此问题进行解决，减少了运营成本，增加了旋转备用，提高了电网的可靠性。综上可知，对于电动汽车智能充放电管理策略的研究，主要涉及如何对各电动汽车进行协调充电，制定管理策略寻找最大化车主利益的最优方案，例如，在电价便宜时为电动汽车充电，电价昂贵时向电网提供服务。目前采用的大多数管理策略只适用于 V2G 运行的某一方面，有的适用于调频，有的适用于调峰，并没有一个统一的策略。另外，电动汽车限制条件对管理策略的制定具有很大的影响[40]。

4.1.2　大容量直流充电桩集群技术

在发展新能源汽车的大趋势下，在国家相关政策的引导扶持下，我国新能源汽车的发展已取得非常大的进步。随着技术的进步，纯电动汽车的电池容量在不断提升，这对充电设施的容量提出了更高的要求，也使得相应配电网的改造工作面临更大的挑战。电网规模的扩大以及复杂性的提高，使得城市配电网供电能力评估面临新的挑战，需要适应新环境下的配电网络，对城市配电网进行规划。近年来,风电、光伏等可再生能源发电规模迅猛增长,并大量并网运行。风电、光伏出力的随机性和反调峰特性,导致电网峰谷差不断加大,电网调峰压力越来越大,使电网的安全运行面临巨大的挑战。高比例可再生能源并网给电力系统调峰带来了较大压力,应用储能辅助调峰可有效解决系统调峰问题。随着电动汽车的大量投入和使用,电动汽车参与电网的调度,不仅能提高可再生能源发电系统的可靠性和电能质量,还能增加负荷调度的灵活性,促进电动汽车与可再生能源发电系统的协调发展。

1. 纯电动汽车充电设施的类型

电动汽车充电设施可分为交流充电桩和直流充电桩。不同类型的充电桩由桩体、电气模块、计量模块等部分组成。

交流充电桩也称慢速充电桩,固定安装并与交流电网连接,为电动汽车车载充电机(即固定安装在电动汽车上的小功率直流充电机)提供交流电源的供电装置。交流充电桩只提供电力供应,需连接车载充电机为电动汽车充电。基本型的交流充电桩设计要求的功能规范有以下几点。

(1)具备交流 220V/7kW 供电能力。

(2)具备漏电、短路、过压、欠压、过流等保护功能,确保充电桩安全可靠运行。

(3)具备显示、操作等必需的人机接口。

(4)具备交流充电计量。

(5)设置刷卡接口,支持射频识别(radio frequency identification,RFID)卡、集成电路(integrated circuit,IC)卡等常见的刷卡方式,并可配置打印机,提供票据打印功能。

(6)具备充电接口的连接状态判断、控制导引等完善的安全保护控制逻辑。交流充电桩的电源要求输入电压为单相交流 $220\times(1\pm10\%)$V,输出频率为 $50\times(1\pm2\%)$Hz,输出为交流 220V/7kW。

交流充电桩可供给待充电的电动汽车单相/三相交流电(AC220/380V),通过车载充电机转换成直流电给车载电池充电,功率一般较小(7kW、10kW、22kW、40kW 等),充电速度一般较慢,充电时间通常要几个小时甚至十几个小时。故交流充电桩一般安装在小区停车场的专用车位处。交流充电桩仅提供充电功率,车载充电机功率小,充电时间长,且充电功率不可调。

直流充电桩与交流充电桩最大的区别是直流充电桩配置了一个大功率的非车载充电机(可由若干充电模块组成),可直接为电动汽车的动力电池充电,因而充电功率大，充电时间短，且充电功率可调。交流充电桩与直流充电桩的区别如图 4.3 所示。直流充电桩也称快速充电桩，含有大功率充电模块，标准的非车载充电模块的参数为 750V/20A、15kW，单个充电模块目前以 15kW 为主，不能满足电动汽车充电功率的要求，需要多个充电模块并联在一起工作，如 10 个 15kW 充电模块并联可得到 150kW 的直流电桩。目前 30kW 充电模块的需求也变得越来越迫切，由此可组合出更大容量的超级直流充电桩。直流充电桩在充电时还可根据需求，随意组合或调整充电功率。根据 2018 年国家电网公司首批发布的充电设备招标公告分析，招标中的高功率直流充电桩产品的占比明显提升，首次出现了 475kW 规格的直流充电桩(34 个)，200kW 以上的直流充电桩有 171 个。直流充电桩的平均功率也由 2017 年的 75kW 上升至 88kW，体现了大功率快充设备的需求在不断提升。

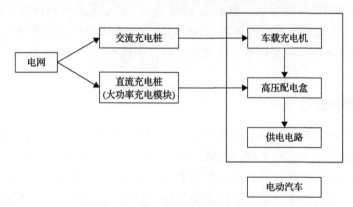

图 4.3　交流充电桩与直流充电桩的区别

2. 直流充电桩原理

直流充电桩固定安装在电动汽车外、与交流电网连接，直接输出可调直流电对车载电池进行充电，输出的电压和电流调整范围大，功率较大，充电速度快。直流充电桩通过直流电源线路(DC+、DC–)、设备地线(PE)、通信线路(S+、S–)、充电连接确认线路(CC1、CC2)、低压辅助电源线路(A+、A–)这九条线路给电动汽车充电。

4.2　基于 V2G 技术的微电网调峰调频

电动汽车作为电力负荷，其充电行为具有随机性、间歇性，大量电动汽

车的充电行为将给电网安全运行带来较大影响。通过 V2G 技术应用，对接入
电网的电动汽车有序管理，参与系统调度，可改善电网运行的经济性和可靠
性，提高用户使用电动汽车的经济性。微电网作为分布式电源接入电网的重
要手段，是未来智能电网的发展方向，结合其系统结构特点，在微电网中引
入 V2G 技术，将有助于微电网中能源的优化调度，提高供电可靠性，提高系
统经济效益。

V2G 是指电动汽车通过电力电子充电设施，既可从电网获取电能，又可
在必要时向电网放电。其核心思想是电动汽车与电网的友好互动，利用电动
汽车动力电池作为电网的储能缓冲单元，在保证电动汽车满足使用要求的前
提下，为电网提供辅助服务，改善电网运行状态，充分利用闲置状态的电动
汽车，为车主创造额外收益，达到双赢的目的。目前 V2G 的实现方法可分四
类：集中式 V2G 实现方法、自治式 V2G 实现方法、基于微电网的 V2G 实现
方法以及基于更换电池组的 V2G 实现方法。V2G 的四种实现方法对应四种关
键技术：V2G 智能调度技术、智能充放电管理技术、电力电子技术以及电池
管理技术。

4.2.1　微电网概述

国际上关于微电网的定义尚不统一，其中以 2002 年美国电力可靠性技术
解决方案协会给出的定义较具权威：微电网是一种由分布式电源与负荷共同
组成的系统，可热电联供；内部电源主要由电力电子器件进行能量转换，并
提供控制；微电网相对于大电网表现为单一的可控负荷单元，并可同时满足
用户对电能质量和供电可靠性等方面的要求。随着传统能源供应的日益紧张，
分布式清洁电源发展迅猛，将分布式电源通过微电网接入大电网中，使大电
网无须直接面对种类各异、分布不均、数量庞大的分布式电源，是有效利用
分布式电源的方式之一。微电网具有节能环保、运行灵活的特点，将在未来
的智能电网中发挥巨大作用。

由于接入微电网中的风、光、潮汐等清洁能源发电具有随机性和间歇性，
其对微电网安全运行带来的影响不容小觑，为确保系统安全可靠，储能装置
在微电网中不可或缺。储能装置的加入既可平抑接入微电网中清洁能源发电
的波动，又可削峰填谷减少负荷波动对大电网的压力。电化学储能因其不受
地理环境限制、响应迅速、可随充随放的特点，非常适合作为微电网的储能
装置。但受限于成本和循环寿命，目前大部分的化学电源均不能在储能中取
得收益。

微电网中的储能容量需求一般较大,将 V2G 技术引入微电网,利用电动汽车动力电池作为微电网储能系统的补充,可降低常规储能装置的装机容量,节省微电网总体投资,提高其经济性。而且由于电动汽车作为常用交通工具,其在微电网中接入时机与微电网其他负荷变化具有一定的相关性,利用 V2G 技术有利于微电网内功率平衡,提高其供电可靠性。

除了削峰填谷外,V2G 技术还可为微电网提供旋转备用、频率调节、无功补偿、平抑新能源发电出力等辅助服务,提高微电网运行的经济性和可靠性,为用户带来经济效益。因此,V2G 在微电网中具有良好的应用前景。

4.2.2　基于 V2G 技术的微电网调峰

1. 电网调峰概念

电能不能大量储存,电能的发出和使用是同步的,所以需要多少电量,发电部门就必须同步发出多少电量。电力系统中的用电负荷是经常发生变化的,为了维持用功功率平衡,保持系统频率稳定,需要发电部门相应改变发电机的出力以适应用电负荷的变化,称为调峰。

用电负荷往往是不均匀的。在用电高峰时,电网经常超负荷,此时需要投入正常运行以外的发电机组以满足需求。这些发电机组因为用于调节用电的高峰所以被称调峰机组。调峰机组的要求是启动和停止方便快捷,并网时的同步调整容易。一般调峰机组有燃气轮机机组和抽水蓄能机组。

2. V2G 参与电网调峰的优势

随着新能源汽车充放电技术的提高,新能源汽车作为移动储能设备电池容量逐年上升,同时兼具廉价的储能投资成本。因此,新能源汽车使用 V2G 技术与电网进行削峰填谷成为一种选择。V2G 协同电网系统进行削峰填谷功能主要具备以下优点。

(1)调峰响应快。相比于常规电源的启动响应在秒级,兼具吸收释放功率调节特性的新能源汽车换电时间降低至毫秒级。这种快速响应的机制避免了传统电源由机械硬件的延迟造成运行状态改变耗时的情况。

(2)调峰综合效率高。动力电池的可利用能量占比高于大部分抽水蓄能电站工况下的平均综合能源效率。近期测试结果显示,新能源汽车动力电池换电效率接近 90%,上限值可达 95%,比传统抽水蓄能电站的能量效率高 10～20 个百分点。

(3)调峰过程网损小。考虑到新能源汽车充电桩往往设立于城市中心的主要交通干道,是负荷相对较重的区域,当 V2G 平台新能源汽车以电源对电网系统传输电能时,电能流入点是从配电末端节点接入,而且是分散式接入的,可以直接供给负荷。因此,与调峰发电厂输送电能相比,V2G 方式造成的线损较小。

(4)调峰综合效益好。在 V2G 系统内车辆个体保障正常工作的基础上,无须加装额外设备,合理利用闲置新能源汽车的动力电池储能功能。通过引导并支持用户参与 V2G 和电网响应负荷等功能,在电动汽车使用者获利的同时也会丰富电网的调峰手段,从而提高经济效益和社会效益[41]。

未来的新能源汽车与电网互动将从以下四个方面发展:①电动汽车将成为新能源电力消纳的重要市场和调节手段;②新能源发电与电动汽车充电之间具有较强的时间互补性;③退役电池储能将成为电动汽车与新能源互动的重要途径;④电力市场机制是释放新能源与电动汽车协同发展潜力的必要条件。

4.2.3　基于 V2G 技术的微电网调频

1. 电网调频概念

电网频率控制时,根据电网频率偏离 50Hz 的方向和数值进行调节,实时在线通过机组调速系统和自动发电控制系统进行控制,调节能源侧的供电功率,以适应负荷侧用电功率的变化,达到电网发、用电功率的平衡,从而使电网频率稳定在 50Hz 附近。

电网的动态调频是指利用电网中旋转惯量的蓄能,承担电网负荷的变化。在这一过程中,电网频差随时间逐渐增大,调频过程是自动完成的,不需要任何调整手段,响应时间约为零点几秒。虽然庞大的旋转惯量具有稳频作用,但是在调频过程中不能完全代替一次调频,由一次调频决定的电网静态调频特性才是电网频率稳定的基础。

一次调频是指各机组并网运行,受外界负荷变动影响,电网频率发生变化时,各机组的调节系统参与调节作用,改变各机组所带的负荷,使之与外界负荷相平衡。一次调频是尽量减小电网频率变化,通过机组调速系统的自身频率特性对电网进行控制。一次调频主要是由机组调速系统的静态特性来实现的,特点是基于电网中各机组调速系统的静态特性,利用机组的蓄热承担电网负荷变化,依靠原动机调速系统自动完成,不需要电网调度干预,最终使电网频率形成一个稳定频率偏差。

二次调频指利用同步器增、减速某些机组的负荷,以恢复电网频率的过程。电网频率的准确性主要依靠电网二次频率来保证,一般允许误差为±0.2Hz。二次调频是电网调度通过自动或手动方式对电网频率进行干预的过程,将电网的负荷变化转移至预先指定的调频机组来承担,消除电网一次调频过程留下的频率偏差,使电网频率回到额定值。二次调频响应时间为几十秒到一分钟[42]。

2. 微电网调频

频率作为电力系统电能质量的主要考核指标之一,同时作为判断电网是否稳定性的主要依据,在智能电网技术中备受关注。

(1)微电网一次调频:微电网一次调频的时间段在毫秒到秒之间,主要由内部的主电源实现。其主要特点是频率调节速度很快,但调节容量受发电机组系统特性影响,调节能力有限。微电网一次调频需要在系统中提前设定,根据整个系统的频率变化而进行自我调整,最终恢复到正常电网负荷,保持系统稳定。

(2)微电网二次调频:微电网的二次调频在电网频率的变化程度中起缓和作用,但不能保持其频率不变。二次调频需要依靠机组负荷或者同步增速器辅助调节,其调节最终结果不能达到调整前的频率值,而保持在另一个恒定值。

3. 微电网频率调节控制策略

微电网的频率调节主要由以下两种情况引起:①当微电网中的负载增加时,系统频率降低,并且可以通过减小电动汽车的充电功率来减小负载,从而保持系统频率的稳定性。②当系统频率大大降低时,作为能量存储装置的电动汽车可以像微电网一样反向传输电能;当微电网中的负载减小并且频率增加时,电动汽车可以参与频率调整作为可控负载以控制电动汽车的充电功率。在充电阶段,电动汽车不仅可以参与电力系统调频,还可以消耗车辆自身的电能。因此,当系统频率设置为零时,电动汽车仍为充电状态[43]。

4. 含电动汽车的微电网调频模型

微电网系统结构集成了分布式电源、负载、储能设备和控制设备,形成可控单元,为分布式电源提供一种新的操作方式。在一些偏远地区,由于环境限制,经常使用柴油发电机、风力涡轮机和光伏资源。在实际微电网系统中，孤岛运行的微电网受到可再生能源的间歇性及波动性影响，造成微电网的频率不断调整，电压也不断波动，严重影响微电网系统的安全稳定运行。因此，将一定数量的电动汽车与分布式电源相结合，以提高微电网的电能质量。孤立的微电网结构模型如图4.4所示。

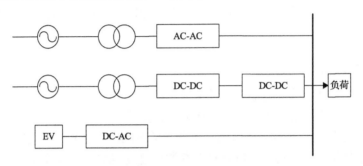

图 4.4　微电网结构模型

忽略发电机组之间的振荡，并且将所有发电机等效成一台表示系统频率响应的发电机组。将柴油发电机组简化为一个惯性环节后，得到全网的等效频率响应模型。含 V2G 的微电网调频模型将 V2G 技术集成到电动汽车充放电的静态频率特性模型中，可以得出微电网频率响应模型。

随着智能电网技术发展和间歇性新能源电网普及率提高，未来电网结构将变得越来越复杂，这给系统的安全稳定运行带来了新的挑战。V2G 技术的不断发展必将促进电网进一步稳定发展，并将超过传统的电网调频技术甚至取而代之，为电网调频的未来带来新的思路。

4.3　基于大容量直流充电桩集群技术的电网调峰

4.3.1　电力系统运行的特点及其调峰需求

1. 电力系统运行的特点

电力系统是电力行业生产发展过程中能够满足用电需求的系统，能够实现稳定性运行和发展，应用高压、大功率设备，并搭配使用相关微机保护装置，以保护电气设备正常、安全运行和减少负荷。

电力系统中的电力负荷具有一定特点，如集中度高、密度高等，能够满足多样性生产的要求和需求。在不断扩大发展规模的过程中，部分电力企业、工厂等并没有及时更新电力系统中应用的各类电气设备，设备处于极端条件下运转，容易造成电力负荷集中，在高安全隐患状态下运行，故障发生率极大。安全性、稳定性也是电力系统设备的特点，电力系统可以在操作时根据制定的生产目标和任务进行信息收发。

2. 电力系统运行的要求

现阶段，各类电气设备在日常生活中的应用频率越来越高，经济快速发展，电能使用量也越来越大，在这种情况下，容易导致电力系统运行负荷压力增加，在极限状态下易发生故障，导致系统无法有效运转。可以将电气自动化运用于系统运转，实现系统自我保护、自动保护，自动、稳定和智能运行，对系统内各类设备进行有效保护。

在这个过程中，对系统运行提出了更多的要求：加强对电气设备集中化管理，结合定位系统的功能指标，将设备归入具有分层级管理的系统，对电力系统进行自动化管理；保证监控系统中的各部分小系统之间的独立性，如软件和硬件，使小系统在运行过程中不会受到整体系统的影响；保证远程通信工程的全面性，实现信息在控制中心的有效传递，以使电力系统稳定运行[44]。

3. 电力系统的负荷曲线

人们生产、生活的用电规律，既有周期性的特点，又有随机性的特点，导致电力系统的负荷曲线既呈现一定的周期性，又呈现一定的随机性，具有随机性与周期性相叠加的特点。通常电力系统负荷的自然峰谷差(不考虑调峰时)在 30%～50%甚至更高。通过技术手段进行调峰，可以削峰填谷，达到经济运行的目的，并可提高电网运行的安全可靠水平。

电力系统的调峰目标是通过技术手段对负荷曲线进行削峰填谷，使电网达到安全、可靠、经济运行的目的，总体要求为整体平衡、分区平衡、分层平衡。

(1)整体平衡的技术手段：一般利用大型发电机组的日调度计划、抽水蓄能机组的抽蓄能力进行调峰。我国大区电网的负荷水平一般已达到几千万甚至过亿千瓦，电网整体平衡的调峰需求可达到数千万千瓦级。

(2)分区平衡的技术手段：在一个分区内，可调节的发电装机容量应与最大负荷基本平衡，且略有裕度(一般应留出 15%～25%的可调发电容量裕度)。

(3)分层平衡的技术手段：超高压电网层一般为省级电网，负荷水平一般在几百万至几千万千瓦，一般利用大型发电机组的容量裕度及日调度计划、抽水蓄能机组的抽蓄能力进行调峰，调峰需求可达几百万至上千万千瓦级。

高压配电网一般为地市级电网，主要依靠上级超高压电网的调峰能力。中低压配电网一般为小区电网，一般利用上级电网、可调节分布式电源、电动汽车有序充电、储能电池进行调峰，调峰需求可达几百至上千千瓦级。利用电动汽车充电时的直流充电桩集群控制功能，为电动汽车进行有序充电，可组织几百甚至几千千瓦连续可调的充电功率参与配电网层的调峰，达到为配电网层削峰填谷，以及避免配电设备过载的目的。同时，还可间接减轻上一级电网的调峰压力。

4.3.2　利用电动汽车充电的集群控制功能调峰

1. 充电桩的调峰能力

电动汽车的充电过程，具有随时可中断性，而不会对电动汽车造成损坏，只是适当延长了充电时间。当电动汽车的总体规模达到一定数量时，根据电网的调峰需求，灵活控制电动汽车的总体充电功率，从而达到为电网调峰的目的。单一直流充电桩的功率规模可达 100kW 以上，若干集群直流充电桩的总容量可达几千千瓦，甚至更高，可通过有序充电参与调峰。

2. 充电桩的调峰策略

当电动汽车处于充电状态时，为该电动汽车充电的充电桩，理论上可参与调峰。

（1）交流充电桩的充电功率较小，参与调峰的作用有限，除非确有必要（如同时接入某配电变压器的交流充电桩过于集中运行，使得该配电变压器存在过载风险），一般不建议参与调峰。

（2）直流充电桩的充电功率较大，且充电功率可组合及连续调节。因此，直流充电桩及其集群参与配电网层调峰，是非常理想的调峰技术手段，当直流充电桩参与调峰时，还可以减轻上级电网的调峰压力。

（3）充电桩调峰的控制模式。

① 集中控制：可采用光纤或无线方式，将各充电桩接入充电桩监控中心，通过充电桩监控中心控制各参与调峰的直流充电桩的充电功率。当调减充电功率进行调峰时，如果处于充电的动力电池的已充电量大于 80%，则可优先调减或断开该充电桩的充电功率；当已充电量大于 50%时，可考虑适当调减该充电桩的充电功率；当已充电量小于 50%时，除非确有必要，一般暂不考虑调减该充电桩的充电功率。

② 分散控制：应使接入同一配电变压器或同一中压馈线的充电桩充电时的总功率，不引起相关配电变压器或中压馈线过载。

（4）由于电动汽车动力电池的成本较高，且电池寿命与充放电次数相关，一般不建议采用电动汽车供电电池反送的方式参与调峰。此时，应通过规划进一步加强配电网建设，提高配电网自身的供电能力。

电动汽车的大规模应用是新能源政策倡导的发展趋势。随着技术的进步，电动汽车动力电池的能量密度越来越大，整车续驶里程越来越接近燃油汽车的水平，相应地为电动汽车动力电池充电的直流充电桩的功率也越来越高，使得直流充电桩的充电功率在配电层总负荷功率中的占比越来越大。单一直流充电桩额定功率大，可达百千瓦级，且充电功率可实现平滑调节，当直流充电桩的数量及其总功率在配电网负荷中的占比达到一定规模时，在集群控制模式下，更加适合参与配电网层的调峰，可为配电网的安全可靠运行，提供较理想的调节手段。

4.4　充电桩接入电网后的影响分析

近年来，国家越发重视新能源汽车的发展与推广，推动其产业化应用实践，进一步深入该领域的转型与研发，各大车企相继推出了一系列纯电动汽车、混合动力与燃料电池汽车。为了应对新能源汽车的发展，电动汽车充电配套基础设施体系也在不断推进完善。截至 2021 年 12 月，我国充电桩保有量达 261.7 万余台。充电桩已经成为城市供电中的一种重要负载，几十台充电桩组成的充电站已经随处可见，如此大规模的集体充电将导致区域供电负荷的急剧变化，而且如今的汽车充电行为，依旧是随机、无序、聚集性的，如果大量充电桩在用电高峰期接入电网，会造成此区域供电负荷峰谷差在原基础上进一步加剧，情况恶劣时便会造成配电网过载、局域电压偏低、配电网损耗增加等一系列问题。此外，提前进行负荷预测和电能调度的难度也不断加大。

对于各个用电行业领域，很难做到均衡用电，峰谷差问题总是不可避免的，一般用户对汽车蓄电池进行充电的时间和地点都较为分散，难以预测。但是对于选择采用专用汽车充电站的用户而言，大规模汽车同时间地点的集中充电行为造成用电峰谷差进一步增大。傍晚时间段的用户充电行为集中，区域负荷增加，无功损耗加大，当负荷自然功率因数过低时，整个系统的有功、无功功率损耗都会增加。当电动汽车充电设备接入电网时，线路节点电压尤其是末端电压下降，引起电网电压下降或者电压波动后，影响设备正常工作,当降低到无法挽回的程度时甚至造成电压崩溃,引发大面积停电[45]。

在充电桩充电的过程中,电网的可靠性、安全性和公平性难以保证,所以现阶段针对充电桩在充电过程中所产生的负面影响进行改善和优化,已经成为充电桩推广和电网发展过程中的重要工作。

4.4.1 充电桩充电对电能计量的影响

充电桩由于其双面性,并没有一定的规律可以依照。所以可以通过随机方式来进行逼近建模,通过研究产生的谐波特征,尽量反映出充电桩对电能质量的一些影响。但其实电动汽车除了谐波污染外,还有冲击脉冲和直流分量的影响,这些干扰也会造成供电质量的不稳定以及计量的不准确。

1. 充电谐波污染

电路中最常见也最厉害的干扰为谐波污染,配电网一般会配置类似整流装置等设备来规避其损害正常的电流运行。谐波形同波形中的噪声干扰,幅度小但破坏力强,是不容忽视的因素之一。

电动汽车充电系统中充满了各类电子元器件设备,运行时势必会产生非线性谐波,谐波一般用正弦或余弦分量表示,相位的奇偶性表示对电网的正负影响。谐波类同噪声波形,电路抖动越频繁,次数频率越高,幅值越小,反之亦然。谐波的引入和充电桩并网的数量、时间、交直流方式都有关系,接近充电峰值时间,产生的谐波幅值越大,对正常电流干扰越严重。根据试验经验值,谐波一般取奇次谐波时电流干扰呈现增加趋势,因此尽量避免奇次谐波。

多台充电桩同时接入时,正常电流电压和谐波电压之间会产生相位偏移,从而发生衰减效应,不同充电桩的电路相位会发生相位抵消过程。因此,一般同时接多台充电桩的谐波电流值要小于单台充电桩的谐波电流,并且和数量成正比。总体来看,谐波电流的幅值是由充电负荷量大小决定的,而相位偏移主要和接入充电桩数量有关系。通过选择合适的单台负荷量和并行充电的桩数量来规避谐波相位幅值的变化,降低谐波污染。

2. 冲击脉冲对电能表计量精度的影响

快速充电的同时电网会生成冲击性负荷,而冲击性负荷会加重波形变形,使其更加不具备规律运行,甚至使不同周期内的波形在幅值、相位、频率等各方面发生变化。当电流脉冲功率变化的梯度不断加快时,电力系统电压会发生闪变，进而使电流波形出现峰谷值，这在一定程度上使电能计量表的计量误差随机性加大。

脉冲充电时的计量准确性至关重要，脉冲充电会对电网边缘负荷造成突然性压力，如计量不准确将会造成电网掉电，扩大影响面积。脉冲充电幅值较低时，谐波成分与常规电流近似，但各次谐波含量相对同功率下的恒流充电较高。而脉冲幅值较高时，谐波中不仅含有整流特征谐波，还有大量间谐波和奇次谐波，并随着充电幅值的不断上升，谐波成分越加复杂，脉冲充电时计量误差可达到 0.5%以上，超过电流互感器计量的精准度要求。因此，需要控制冲击脉冲的频率，尽量保证误差在可控范围内。

3. 直流分量对电能计量的影响

当电动汽车充电桩接入配电网时，直流充电桩势必会引入直流分量，当交流充电桩突发性充电时，也会发生引入直流分量的可能，直流分量会引起电流互感器的磁偏，从而产生光双折射现象，导致铁芯中的电磁感应值为一个常数，影响二次电流计量的偏差。直流分量的变化梯度越大，电能计量误差就越大，而当梯度值小于一定阈值时，这个影响可以忽略不计。因此，一般会通过电子元器件材料的选择、电路补偿等多种方式来减少直流分量的产生，从而保障电能计量的精准度，保障充电桩大规模的引入不会造成电网质量的变化。

4.4.2　充电桩充电对电网的影响

1. 影响电网负荷

在没有接入充电桩之前，电网负荷渗透率一般在 20%左右，基准负荷峰值出现在 19:00～20:00，在接入充电桩之后，负荷增加约 50%，负荷峰值也移至 21:00～22:00。这样的改变对电网的挑战是极大的。从供电负荷曲线看出，电动汽车充电的随机性，增加了电力系统中负荷分布的随机性，也给电路增加了许多不确定因素。电动汽车的接入应根据配电网用电行为习惯，找到合适的插入点，借助优惠政策，合理调整电动汽车接入时机，达到削峰填谷最佳效果。同时可以提升城市电网最大负荷的持续时间，减小电网的调峰压力。

2. 影响电网调度

电动汽车充电群可以作为负荷也可以作为电源，当作为电源时，可以按实际的配电网负荷需求进行合理调度。电动汽车数量巨大，且具有分散性和灵活性，因此对配电网供电提出了高挑战，配电调度系统需随时对整网的配电容量进行重新规划，并依照电动汽车分布拓扑图，选择合适的供电线路，避免继电保护实时性等要求不达标而造成影响。同时电动汽车又具备移动性，对配电网的调度控制技术提出了更高的要求。

3. 影响电压质量

电压的稳定性是衡量配电网质量的重要标准之一，电压不稳定会直接反映到用户侧，同时也会对家用电器设备造成直接的损害。电动汽车规模化加入，会影响电压的稳定性。电网负荷不同的渗透率导致系统负荷峰值会出现在不同时段。渗透率越大，电压的偏离度也会越大，因此要通过削峰填谷的手段，选择合适的时段接入充电桩，避开峰值时期，抑制电压偏离度变大，保障用户用电的可靠性。

4. 影响网损

电动汽车引入配电网势必会产生大量的运行负荷，负荷消耗不同对应的线路损耗也不同，负荷量越大，线路散热等能量损耗的有功功率越大，同时电路元器件由于本身的材质以磁能的形式也会散发一些额外的能量，造成无功功率的损失，总结起来，网损值=有功功率+无功功率。一般情况下，当线路空载时，无功功率损耗最大；当负载较大时，有功功率损耗较大。因此，在计算电动汽车并网数量时，一定要均衡考虑两值的大小。经过试验测试，在渗透率为 50% 左右时，负载损耗率与空载损耗率基本相等，线路总损耗率处于最低区间，系统处于最佳运行状态；当电动汽车渗透率继续升高至 100% 时，负载损耗率增加幅度大于空载损耗率减小幅度，线路总损耗率进一步增大，系统处于非经济运行时段。因此，电动汽车大规模引入时段应充分考虑电网的经济性[46]。

4.5　新能源汽车在智能电网中的前景展望

通过扶持补贴政策，以政府为主导拉动行业需求，我国新能源汽车产业得到跨越式发展。2012～2016 年，新能源汽车产销量从 1.3 万辆增长到 50 万辆，年复合增长率达到了 150%。根据 2016 年发布的《节能与新能源汽车技术路线图》，2020 年我国的新能源汽车总量规划达到 500 万辆(截至 2020 年底，新能源汽车保有量达 492 万辆），2030 年规划达到 8000 万辆，市场前景非常广阔。电动汽车规模化推广，对电网提出了较高的供电需求。同时电动汽车的智能化发展与可再生能源的发展、智能电网的发展将共同推动一场能源革命和汽车革命。

4.5.1　新能源汽车发展对国家减排政策的助力

我国政府承诺碳排放在 2030 年前后达到峰值，非化石能源占一次能源比重于 2030 年达到 25%。交通电气化发展是实现我国碳减排战略的重要举措之一。预计到 2030 年单辆电动汽车相比传统的汽油车一年能减少碳排放 0.8吨，电动汽车可以贡献 6400 万吨二氧化碳减排量。

4.5.2　新能源汽车发展对电网产生的巨大影响

1. 用电需求

充电负荷的计算是评估电动汽车对电网影响的基础。预测 2030 年我国电动汽车保有量约为 8000 万辆，2030 年我国电动汽车日充换电电量将达到10.96 亿 kW·h（高预测场景），全国日充换电负荷峰荷将达到 24700 万 kW。作为国家电网系统首个负荷破 1 亿 kW 的省级电网，2017 年江苏电网最高用电负荷为 10002.4 万 kW。可以看出，未来电动汽车充电电量、充电负荷所占比重会越来越高。

2. 充电负荷的随机性特征

电动汽车充电负荷具有区别于传统负荷的随机性特征。电动汽车充电负荷的随机性表现在空间和时间两方面。伴随着电动汽车行驶范围的变化，存在着充电负荷在空间上移动的可能性。不同用途的车辆倾向选择不同的充电方式，私家车经常会选择在自家停车场慢充，公交车和出租车会选择公共充电桩进行快充或更换电池。电动汽车充电时间和充电电量决定了电动汽车在充电时间上的分布特征。电动汽车充电负荷的随机性给研究其负荷特性造成了困难，使电网在满足电动汽车充电需求方面，比传统负荷供电更具挑战性。

3. 新能源汽车与电网深度融合

截至 2020 年底，我国汽车保有量 2.81 亿辆，是全球第一大汽车生产国和消费市场。由于汽车的生产和使用环节均存在较高的能源消耗和碳排放，汽车行业的低碳发展对我国顺利实现碳达峰、碳中和的中长期目标至关重要。

推广新能源汽车是实现汽车行业低碳转型和发展新能源的重要举措，其作用不仅体现在"以电代油"带来的终端用能无碳化，新能源汽车特有的储能功能也使其能够与能源产业深度融合，尤其是与电网实现双向互动，在二氧化碳减排、电网峰谷平衡、可再生能源高效消纳、能源结构调整等方面发挥积极作用。随着新能源汽车渗透率的不断提升和低碳交通运输体系的构建，V2G模式有望成为传统汽车行业和能源行业实现低碳绿色转型的重要路径。

1) 新能源汽车与电网融合对低碳发展的意义

实现电网削峰填谷，提高电网容量效率。V2G被普遍认为是有效的调频调峰手段之一，通过鼓励新能源车主在用电低谷时段充电，用电高峰时段对电网反向放电，可构建动态有效的"新能源汽车+电网"能源体系，起到削峰填谷的调峰作用。根据预测，到2030年我国日均用电量为276.3亿kW·h，新能源汽车预计储能容量将达到30亿kW·h，在主动有序充电的前提下对于降低电网负荷、减少配电网增容的投资需求、提高电网容量具有重要作用。

通过建立绿电交易市场，提升车网互动用户侧参与的积极性，打通车网互动能源转化的市场化路径，以市场化交易的方式鼓励消纳光伏、风电等清洁能源，推动发电侧的清洁低碳转型。利用车网之间的双向灵活互动，降低可再生能源的发电不稳定性，有效平衡电网峰谷差，提升电网可再生能源消纳水平和能源使用效率，间接减少能源供给端和消费端的碳排放[47]。

2) 推动新能源汽车与电网融合过程中存在的问题

(1) 技术有待提升。在国内新能源汽车市场，目前比较主流的就是纯电动汽车和混合动力汽车，而混合动力汽车又分为插电式混合动力汽车和非插电式混合动力汽车，其中大多数国产汽车品牌都选择插电式混动。一方面是国家对于纯电动汽车和插电式混合动力汽车有优惠政策，另一方面是在一些限牌城市可以通过新能源汽车拿到牌照。随着市场上纯电动汽车与插电式混合动力汽车的增多，这些车辆也慢慢暴露出一些问题，如充电设施分布不均、充电时间过长、续航里程过短及充电操作不方便等，都在影响着电动汽车使用者的日常生活。

(2) 充电站数量少。当今市场上只是在公共区域建有一些充电站，而仅少量家庭拥有充电桩，基础设施数量远远无法满足电动汽车发展的需要。想要更好地发展电动汽车市场，需要建立更多的充电设施，以及多种多样的充电模式。因此，需要快速制定出一套新能源汽车充电解决方案，解决成千上万的电动汽车长续航里程及快速充电的需求。

(3)产生补贴依赖,或者"输血"依赖。由国家"输血式"的补贴,催生一批新能源公司。当国家补贴减少,或者改变补贴方式时,就会"消失"一批公司。以光伏发电产业为例,相关专业人员在西藏从事光伏电站建设十多年,总结出存在观念认识上的不足、技术与成本的制约、缺乏完善的激励政策、缺乏管理维修队伍、资金和资源浪费严重、缺乏统一规划、缺乏配套体系等问题。归根结底,是缺乏"造血"机制。解决国家层面承担的技术风险,以及将"输血"方式转变为"造血"方式,是许多新能源从业人员的梦想[48]。

3)推动新能源汽车与电网融合的关键技术

随着技术的进步,新能源汽车将在电力系统中扮演越来越重要的角色,成为能源和电力供应体系的有益和重要补充。因此,新能源汽车与电网的融合技术研究是当前的热点,具体主要有以下几方面的关键技术。

(1)有序充电技术。新能源汽车数量的增加,必然会给电网带来一系列影响,如负荷激增、负荷波动增大和三相不平衡加大等。有序充电技术是解决激增充电负荷对电网影响、提高电网接纳新能源汽车能力的有效手段。目前,电动汽车有序充电技术主要有两种手段:一是通过实施电价优惠政策对用户充电行为有序引导,二是通过监测上级电源状态信息对充电桩进行有序调控。国内首次成功开发出的"电动汽车有序充电控制管理系统"综合考虑各类电动汽车用户充电需求与电网安全稳定运行要求,通过需求分析、负荷预测和信息监控等多种手段对充换电设备进行有序调控,可以实现削峰填谷、区域均衡和增大电动汽车接纳能力等目标,实现用户与电网的双赢。

(2)储能技术。新能源汽车作为可移动的储能设备在不同领域都有着广泛的应用前景。在能源领域,新能源汽车一方面可以与太阳能、风能等分布式电源联合协调运行,形成坚强、绿色智能电网,提高能源的综合利用效率,构建安全可靠、经济高效的能源供应体系。另一方面对退役动力电池进行梯次利用,不仅能够增加电池使用率,还可以解决废旧电池的潜在环境污染问题。通过对动力电池状态评估方法和动力电池梯次利用原则与条件的深入研究,为新能源汽车在电力储能领域的推广应用奠定技术基础[49]。

4.5.3　满足新能源汽车快速增长需求的智能电网展望

未来电动汽车的发展趋势必然是智能化、网联化,未来电网将进一步实现智能化进程,实现能源的综合利用。

1. 新能源汽车退役蓄电池在智能电网中的应用

大容量储能技术因可灵活、高效地改善间歇式新能源电站可调控性能，已被公认为是推动风、光等可再生能源成为主力电源的关键技术之一，但受限于高昂的成本，无法规模化应用。

随着电动汽车保有量的指数级增长，退役电动汽车电池也将呈爆发式增长，仅 2020 年我国就有约 19GW·h 的电动汽车退役电池。按国际通用标准，为保证续驶里程和安全运行，汽车电池在剩余 60% 容量时必须更换。剩余 60% 容量的电池应用于电力储能，一方面减少资源浪费，另一方面平抑新能源间歇式发电的不利影响。自 2016 年 2 月，国家发展改革委、工业和信息化部、环境保护部、商务部、质检总局五部委联合制定发布了《电动汽车动力蓄电池回收利用技术政策(2015 年版)》后，电池梯次利用储能技术逐渐成为行业关注热点。2015 年，中国电力科学研究院启动了兆瓦时级梯次利用电池储能技术的研究，成功研发了 1.2MW·h 试验系统，并于 2016 年在国家风光储输示范电站投入试运行，这是我国第一个兆瓦时级梯次利用电池储能系统。

2. 智能车联网与智能电网的互联互通展望

搭建集电力互联网、充电网、车联网的智能运营管理平台，负责对电力供应网络、充电网络、车辆用电管理等实时监测分析，实现供电侧与用电侧互联互通。

1) 智能电网下新能源汽车有序互动方案

基于互联网和大数据挖掘技术，在电动汽车充电运营管理中，将充电网与车联网、电力网三网合一，能够对电动汽车充电、新能源电站区域负载等情况进行实时监控，精准引导调度。电动汽车充电模式采用 V2G 充放电模式，实现电动汽车与电网之间能量与信息的双向互动。

2) 新能源汽车与新能源的互补消纳

实现电动汽车与新能源的互补消纳，根据新能源发电的时空分布特性与电动汽车充放功率分布特性之间时空分布的潜在错位，通过一定的引导手段，实现电动汽车与新能源的互补消纳。汽车电气化已经是大势所趋，处于产业爆发前夜。电动汽车的大规模接入，使供电需求猛增，会对电网产生较大的冲击。但同时，伴随着电动汽车及电网的智能化、网联化，未来智能电网将实现能源的综合利用，并为电动汽车用户提供更为便捷、可靠、低碳的能源服务[50]。

4.6　本 章 小 结

　　本章首先介绍了新能源汽车和充电桩当前的一些核心关键技术；然后详细地讲述了新能源汽车和充电桩关键技术在智能电网中的一些应用，同时分析了充电桩入网后对智能电网的影响；最后讲述了新能源汽车和电网互联后智能电网的发展前景。

第5章　人工智能应用下的智能电网

人工智能在半个多世纪的发展历程中，几经起伏。近年来，随着大数据时代的到来和计算机性能的飞跃，人工智能技术及应用有了质的发展。以深度学习为代表的机器学习算法在图像识别和语音识别等领域的应用取得了极大的成功，使人工智能受到学术界和产业界的广泛关注。伴随着人工智能技术发展的起伏，人工智能在电力行业的应用也经历了几个阶段。当前，以深度学习为代表的第三代人工智能技术在电力行业的应用才刚刚起步。

智能电网是能源与电力行业发展的必然趋势，欧美一些国家及中国均在积极推进智能电网技术的研究与应用。虽然发展路径存在差异，但其核心要义都是"智能"。目前，智能电网的物理建设取得较大进展，但其智能水平非常有限。智能电网的逐步建设，为人工智能技术在智能电网的应用提供条件。为此，借助人工智能来提升智能电网的智能水平，具有重要的研究意义。

5.1　人工智能关键技术

随着人类科技的不断进步，人工智能技术在社会各领域中的应用范围不断拓展。电力系统作为当前的热门行业也开启了与人工智能技术的融合。对当前阶段电力系统人工智能进行划分，可分为人工神经网络(artifical neural network，ANN)、遗传算法、专家系统及模糊集理论。下面对电网建设中常见的人工神经网络以及遗传算法进行应用分析。

5.1.1　人工神经网络

1. 基本概念

人类身体各个部位都存在着相应的神经，各部分神经都根据实际情况向大脑传递信息。智能电网中也有一个类似于人类神经系统的人工神经网络，并具备较强的信息处理能力和高效的学习方式，能针对实际情况对具体问题进行深入分析。相关工作者利用人工智能将相关问题及其解决措施上传至神经网络，以保障电力系统安全、稳定运行。通过误差逆向传播(back propagation，BP)神经网络进行短期负荷预测工作时，在保证训练样本满足条件的基础上，合理划分预测模型，以构建出季节环境存在差异下的日、周、月预测模型；对如何选择输入变量及温度进行分析，利用神经网络和对应的元件关联对电力系统故障进行高效合理的诊断，从而获取各种复杂故障对应的诊断措施。此类方法通过人工神经网络模型将整个电力系统各个元件划分为母线、变压器及线路，并对三类元件的报警信息进行快速、独立的处理，以快速、准确地定位故障发生部位。相同跳闸范围内各个元件都产生人工神经网络模型诊断输出，可以根据特征对其故障指标函数进行合理定义。通过对各元件故障指标函数的判断和分析，对此区域内的各类故障进行有效识别[51]。

2. 应用价值

人工神经网络的特点和优越性主要表现在三个方面。

(1) 具有自学习功能。

(2) 具有联想存储功能。

(3) 具有高速寻找优化解的能力。

寻找一个复杂问题的优化解，往往需要很大的计算量，利用一个针对某问题而设计的反馈型人工神经网络，发挥计算机的高速运算能力，可以很快找到优化解。人工神经网络可以很好地实现对已知病害的识别，但往往需要很大的样本才能实现，样本较少时分类效果不太好，对于未知的病害种类会出现严重的分类错误[52]。

3. 发展趋势

随着人工神经网络的发展，无论是自身进一步发展还是与其他科技成果的合作都在不停地进行着。其中，人工神经网络与大数据以及人工智能的结合有着很好的发展前景，下面将进行简要讨论。

(1) 大数据方面：大数据作为近年新兴的热门研究领域，能够与人工神经网络进行很好的合作。一方面，大量的、多元的且变化迅速的数据更适合用神经网络进行处理，人工神经网络的优点(如有针对性、可整合、捕捉能力强等)有利于大数据实现价值转化；另一方面，数据量保证神经网络有充足的训练样本，因此训练更大规模的神经网络将会得以实现。随着硬件水平的提升，两者发展的速度都是十分可观的。相辅相成的特性会给两者的结合带来接连不断的新精彩。

(2) 人工智能方面：就目前来看，人工神经网络研究的主要精力将倾向深度学习、深层神经网络。当下的神经网络大都属于生物神经网络的简化形式，这些属于浅层神经网络,它们产生原理相近。通过对人工智能领域最新的研究成果和趋势进行分析,基于神经网络的人工智能方法具有更加广阔的研究前景。其中,对神经网络的结构和神经元节点的特性进行改进,是人工智能领域实现再一次跨越式发展的突破口之一[53]。

人工神经网络、人工智能和大数据三者之间的关系是紧密的,是相互联系、相互促进的,人工神经网络与人工智能同为受生物活动启发,可观的数据量将会有力地推进其进一步发展。随着硬件水平的发展,人工神经网络将会与更多技术产生合作,为技术发展注入更多活力。

5.1.2　遗传算法

1. 基本概念

遗传算法主要指的是基于自然选择和相关的遗传机制,通过计算机技术对生物进化机制进行模拟,从而找寻到最优搜索算法。数据库拥有庞大的规模,而运用遗传算法在数据库中可以快速、准确地找出相关问题的解决方案。从电网优化角度来看,电网建设过程中合理应用遗传算法可以为故障诊断的相关问题提出切实可行的解决方案,尤其是在故障修复以及断路器保护等方面。电网建设中应用遗传算法也面临一定的挑战,即如何高效合理地构建起故障诊断数字模型。因此,电网建设发展过程中要不断完善此方面的数字模型构建工作,让遗传算法得到更好的利用,从而促进电力系统的进步发展。

2. 应用价值

遗传算法是多学科结合与渗透的产物,已经发展成一种自组织、自适应的综合技术。其提供一种解决复杂系统优化问题的通用框架,不依赖于问题的具体领域,因此广泛应用于很多学科。

在许多情况下所建立起来的数学模型难以精确求解,即使经过一些简化之后可以进行求解,也会因为简化太多而使得求解结果与实际相差甚远。因此,目前在解决生产中的调度问题时还是主要依靠一些经验。1985 年,Davis首次将遗传算法引入调度问题。从此在调度问题的解决过程中,遗传算法使得调度的总流程时间、平均流程时间等大大降低,提高了生产效率。

1)图像处理

图像处理是计算机视觉中一个重要的研究领域,其前景十分乐观。但在图像处理的扫描、特征提取、图像分割等过程中不可避免地会产生误差。而遗传算法可以很好地解决这些问题。在图像分割的时候可以利用遗传算法来发现最优解从而帮助确定分割阈值，利用遗传算法在图像增强过程中寻找控制参数的最优解或者近似最优解，利用遗传算法对图像进行特征提取再对所提取的特征进行优化，从而提高图像的识别率等。

2）自动化控制

随着现代技术和科学技术的不断发展，人工成本的不断提高，机器的自动化要求越来越高，工程师所要考虑的是选择合适的控制结构，然后对其参数进行一定的优化使得满足特定的实际性能要求。遗传算法具有鲁棒性和广泛适用性的全局优化方法，能更好地为其控制器降阶，更好地控制机器人手臂，优化机器人手臂的运动轨迹。遗传算法的优化功能在越来越多的机器自动化领域得到关注[54]。

3. 发展趋势

近年来，遗传算法的研究已经从理论方面逐渐转向应用领域，机器人及图像处理也逐渐成为研究的热点。

多智能体进化、免疫进化计算、粒子群遗传算法是这几年研究比较多的题目，对传统遗传算子的改进也是讨论比较多的话题。随着应用的不断深入，协同进化算法是在进化算法的基础上，通过考虑种群与环境之间、种群与种群之间在进化过程中的协调关系提出的一类新的进化算法，目前遗传算法已经成为当前进化计算的一个热点问题[55,56]。

从某种角度来说，遗传算法是从进化生物科学的角度建立起来的，现如今，遗传算法通过理论已经证明，问题的最优解可以通过概率手段以随机的方式最终求得。因此，调度问题与分配问题将会是未来遗传算法主要的研究方向。

5.2　新一代人工智能在智能电网中应用的关键问题

算法、数据和算力是人工智能高速发展的三要素，也是人工智能在智能电网中应用的关键问题。

5.2.1　算法

算法是前提。近年来，深度学习、强化学习等算法的突破性进展，为智能电网的发展提供了重大机遇。然而，故障诊断、智能调度、电力交易等领域具有极强的行业特色，且电力行业具体应用场景复杂，例如，对变电站身穿工作服人员的跟踪和识别就比较困难，因为这些人的外观区别不明显。如何形成行业特色的算法，是人工智能在智能电网应用中需要解决的重要科学问题。

5.2.2　数据

数据是核心。海量数据可以为人工智能和智能电网提供有价值的信息，从而驱动人工智能取得更好的识别能力和普适性。数据来源于信息感知与采集，智能传感器是电力系统电气量、状态量的采集终端；物联网技术能够解决数据传输；区块链技术用于保证数据可信。如何通过人工智能、智能传感器、物联网、区块链等技术的融合，构建电力信息物理融合系统，从而提升人工智能的泛化能力，是一个亟待解决的问题[57]。另外，目前电力数据总体多，但是针对某个单一应用场景的数据较少，导致人工智能的使用受限于人脸识别等通用场景。因此，仍需建立人工智能在智能电网领域的专用 ImageNet 标准库，做好基础数据是人工智能的应用基础。

5.2.3　算力

算力是基础。大量高性能硬件组成的计算能力，方能满足人工智能在大规模、复杂智能电网中高级应用的需求。仍需研究面向智能电网的人工智能专用计算部件(软件模块、硬件模块、芯片等)架构设计技术，利用人工智能芯片等软硬件结合的方式来提高算力。仍需通过对图形处理单元(graphics processing unit，GPU)、张量处理单元(tensor processing unit，TPU)等技术的研究提升人工智能核心计算处理能力，与边缘计算结合，尽量就地处理，减少数据传输压力，提高响应速度，从而适应智能电网发展的需要。

5.3　新一代人工智能在智能电网中的重点应用领域

人工智能技术从发展之初就一直受到电力领域学者的高度关注，专家系统、人工神经网络、模糊集理论以及启发式搜索等传统人工智能方法在电力系统中早已广泛应用。随着分布式电源、电动汽车、分布式储能元件等具有能源生产、存储、消费多种特性的新型能源终端高比例接入电网，现代电力系统呈现出复杂非线性、不确定性、时空差异性等特点，使传统人工智能方法在电力系统预测、调度、交易方式等方面面临诸多挑战。

以高级机器学习理论、大数据、云计算为主要代表的人工智能技术，具有应对高维、时变、非线性问题的强优化处理能力和强大学习能力，将为突破上述技术瓶颈提供有效解决途径。人工智能与智能电网的深度融合，将逐步实现智能传感与物理状态相结合、数据驱动与仿真模型相结合、辅助决策与运行控制相结合，从而有效提升驾驭复杂系统的能力，提高电力系统运行的安全性和经济性[58,59]。图 5.1 给出了新一代人工智能在智能电网重点领域的应用框架。

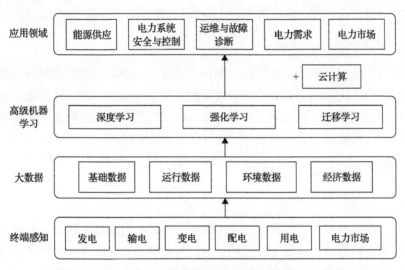

图 5.1　新一代人工智能在智能电网重点领域的应用框架

5.3.1　能源供应领域

1. 可再生能源发电功率预测

高比例可再生能源成为智能电网未来发展的一个突出特征，风电和光伏作为当前较为成熟的可再生能源发电技术，具有较强的波动性和随机性。如何更好地利用人工智能技术，对可再生能源发电波动等海量、高维、多源数据进行深度辨识和高效处理，实现多时间多尺度全面感知和预测，是人工智能与智能电网需研究的重要课题[60]。

传统的浅层预测模型在处理非平稳和非线性特性的风能或光照数据时，预测性能较差，因此部分研究引入深度学习以改进预测模型。

（1）基于深度置信网络（deep belief network，DBN），有效提取复杂风速和光伏数据序列的非线性结构和不变性特征，进而预测风电和光伏功率。

（2）借助卷积神经网络（convolutional neural network，CNN），对丰富的光照数据进行特征提取，提高光伏功率的预测准确度。

（3）采用长短期记忆网络（long-short term memory，LSTM），对与风电功率相关程度高的多变量时间序列进行动态建模，有效利用多数据源信息提高风电场短期发电功率的预测精度。

（4）通过堆栈自编码（stacked autoencoder，SAE）算法将粗糙神经网络纳入深度学习模型以预测不确定性风速，从而提高模型的鲁棒性和预测精度[61,62]。

2. 可再生能源-储能协同

可再生能源与储能系统协同，能在一定程度上增强可再生能源的可调度性。风储合作决策问题具有不确定性、约束复杂等特点，导致优化建模和求解困难。强化学习可通过学习系统与所处环境的交互不断获取知识从而辅助决策，不完全依赖于数学模型，能有效应对不确定性。

5.3.2　电力系统安全与控制领域

1. 电力系统稳定评估

随着社会的发展，现代化建设步伐的加快，电力资源在社会生产以及人们生活中扮演着越来越重要的角色，如何推动电力事业的进一步发展已经成为现代化建设实践中需要集中关注的重要问题。电力系统可靠性评估在整个电力系统的设计与规划中发挥着关键性的作用。而电力系统的动态特性也更加复杂，鲁棒性、复杂性与安全性之间的矛盾也越来越突出，对系统安全稳定评估提出了更高要求，人工智能为系统稳定评估提供了新思路。机器学习方法作为传统的方法，其采用了"先提取特征，后分类评估"的方式，割裂看待二者关系。而深度学习方法通过借助深层模型的学习能力，自动提取数据特征，完成分类评估，实现了特征提取与分类分析的有机统一[63]。

2. 电力系统控制与优化

当电力系统输入输出数据维数较多、具有关联性时，较难得到全面的控制与优化策略，深度学习、强化学习、迁移学习等方法为解决以上问题提供了有效途径。

3. 虚假数据注入攻击

电力系统的信息化智能化在有效改善智能电网的监测与控制效果的同时，也增加了被恶意攻击的可能性。当前有一种针对自动电压控制系统的虚假数据注入攻击策略，该策略只需要有限的电网信息，采用一种具有最近序列记忆的 Q 学习算法实现在线学习和攻击。目前，部分研究将深度学习引入虚假数据注入攻击实时检测中，利用条件高斯-伯努利受限玻尔兹曼机基于实时测量数据来分析攻击行为特征，并通过捕获到的特征来检测攻击。也有研究借助深度学习先采用自动编码器对数据进行降维，再进行攻击特征提取[64,65]。

4. 电力系统调度与能源调度

电力系统调度是一个贯穿发电、输电、配电、用电各环节的多时间多尺度相互协调的优化决策问题，人工智能在实现智能化调度中发挥重要作用。

5.3.3　运维与故障诊断领域

1. 无人巡检

在电力系统的巡视巡检方面，借助智能巡检机器人和无人机可以实现规范化、智能化作业，提高效率和安全性。智能巡检机器人搭载多种检测仪，能够近距离观察设备，运检准确率高。无人机搭载高清摄像仪，具有高精度定位和自动检测识别功能，可以飞到几十米高的输电铁塔顶端，利用高清变焦相机对输电设备进行拍照。泰州供电公司三桥变电站成功部署了基于机器人平台的变电站安全监控系统，通过基于深度学习的图像识别方法，对监控对象进行智能识别。

2. 电力系统故障诊断

在电力系统故障诊断方面，传统方法依据人工特征提取和经验判断，增加了方法的复杂性和不确定性，在处理复杂故障信息及大型网络的故障诊断时，其适用范围受限。而深度学习方法能够深层学习数据内在的结构特征，并将学习到的特征信息融入模型的建立过程中，从而减少人为设计特征的不充分性和传统特征提取所带来的复杂性[66,67]。另外，深度学习克服了传统方法对诊断经验的依赖性和大数据下模型诊断能力与泛化能力的不足，具有通用性和自适应性。

5.3.4 电力需求领域

1. 负荷预测

由于空间负荷增加、电动汽车发展、电力市场推广等，数据源及数据量大幅增加，负荷预测的难度随之加大。精确负荷预测对于电力系统安全经济运行至关重要，一直是人工智能技术应用最广泛的场景之一。浅层模型在解决这些问题时，往往采用过于复杂的结构，而训练量又不足，即使模型的精度有所提高，但是模型的泛化能力较差。借助深度学习的特征抽象优点能够捕捉复杂因素对负荷的影响，在提高模型预测精度的同时兼顾模型的泛化能力。

随着电力系统朝着更加智能化、灵活、互动的系统过渡，单个电力客户的短期负荷预测在未来电网规划和运行中发挥着越来越重要的作用。不同于大规模聚集的住宅负荷，预测高波动性和不确定性的单一能源用户的电力负荷面临更大挑战[68,69]。目前 LSTM 和深度循环神经网络(recurrent neural network，RNN)都在该问题上得到应用。

2. 需求响应

在智能电网基础上的需求响应研究已经成为国际研究热点之一。因为经济调度和需求响应都参与能源市场，并且时刻满足平衡约束条件，所以需要综合考虑两者的相互影响，建立供需互动模型，然而传统的集中式方法难以求解此类问题。

3. 智慧充电

大规模电动汽车的自由充电行为将会对电力系统的安全与稳定运行带来负面影响，因此研究大规模电动汽车智慧充电策略就十分必要。利用高级机器学习理论，能有效处理电动汽车充电的不确定性，加快控制策略的求解速度。

5.3.5 电力市场领域

1. 电价预测

随着新一轮电力市场改革的持续推进，电价作为反映市场运营状况的重要指标，准确预测电价对电力市场参与者具有重要意义。电价受到多种内因和外因的影响而不断波动，简单的基于时间序列的线性预测模型无法适用。

而高级机器学习可以利用历史电价、社会经济因素等信息，通过样本学习模拟电价及其影响因素之间的关系，预测精度较高。

2. 市场交易和竞价

电力市场改革后，需要考虑发电、输电、配电各环节运营与用户用能间博弈。研究表明，强化学习算法对解决含不确定性的博弈问题具有一定的优势，并且模型的复杂度对算法的效率影响较小。

5.4　人工智能在电网建设与运行中的应用

5.4.1　人工神经网络在智能电网中的应用

1. 基于 NARX 神经网络的智能电网短期负荷预测

伴随着经济社会的不断发展，电网规模的不断扩大，电网生产规划与运行调度面临越来越严峻的考验，而精确的负荷预测将为这些问题带来转机。与长期负荷预测相比，短期负荷预测主要用于预测未来几小时到一周的负荷，可以更好地帮助工程人员执行对发电机组启用和停止、安排短期调度计划以及应对紧急情况的操作。

具有外部输入的非线性自回归(nonlinear auto-regressive with exogenous inputs，NARX)神经网络是一种动态循环网络，这种网络需要在输入和反馈连接的同时采用时间延迟，其具备良好的记忆功能，而且输入端接收到反馈的输出信号后可进行下一次迭代训练，通过这种模式，该模型在描述具有复杂映射关系的情形下可取得更好的效果，这也是该系统被广泛应用于非线性时间序列预测领域的原因。与传统的循环神经网络相比，NARX 神经网络在学习能力、收敛速度、泛化性能和预测精度等方面可以表现出更好的效果。

针对电力市场化条件下短期负荷预测输入特征不易确定的问题，建立基于NARX神经网络的智能电网短期负荷预测模型对负荷波动规律特性的分析，将月份、星期、时刻以及节假日作为预测模型的输入特征，通过将其进行二进制标记可以有效提高负荷预测的精度；使用相关性分析方法，确定当前时刻的负荷与其历史负荷以及温度和实时电价的相关性，验证将其作为预测模型输入特征的必要性；采用 NARX 神经网络进行负荷预测，克服传统前馈神经网络不能有效处理时间序列间关联信息的缺陷。

2. 基于递归神经网络的智能电网虚假数据检测

随着电网技术的发展，智能电网在提高可再生能源承载能力、提高资产利用率、提高电网响应和解决问题的能力方面具有很大潜力。但智能电网结构和功能较为复杂，需要科学的控制方案以确保电网的稳定运行。其中在不同电力用户、设备、生产之间提供所需通信的网络层是智能电网中的关键组成部分，然而这种通信网络的安全漏洞成为电力系统的安全隐患。研究表明，在电力系统向智能电网过渡的过程中，需要仔细评估常规技术抵御外部恶意控制的能力。智能电网是一种网络物联系统，因此对电网的攻击可以针对网络层、物理层或同时对二者进行攻击。研究发现，常用的网络安全防护方法并不能兼顾智能电网在网络层、物理层两方面的安全。因此，实现智能电网的安全防护需要结合网络和电力系统理论。黑客可以采取多种形式对智能电网进行攻击，如拒绝服务（denial of service，DOS）攻击、时间同步攻击、虚假数据注入（false data injection，FDI）攻击等。在这些攻击中，FDI 攻击是一种危害性很大的攻击行为，这种模式中黑客向智能电网注入不正确的数据或实际测量数值，以更改系统的状态测量参数。

基于递归神经网络检测 FDI 攻击的方法采用人工构建的方式设计常规电力系统状态估计检测器无法识别的虚假数据，基于 RNN 的特殊体系结构，创建网络内存并使用先前的输入和输出来预测下一个状态，通过观察测量值的动态变化来检测注入电网中的虚假数据攻击。

3. 基于神经网络的电网投资决策评估模型构建

电网建设是国民经济基础产业，关系到国家安全和国民经济命脉。电网企业的固定资产投资效益直接影响我国国有资产的投资效果，从而影响整个国民经济的增长。随着数字经济与智能电网的发展，国家不断加大电力基础设施的投资力度以提高电网的智能化和供电可靠性，这就需要大力推进电网企业建设投资精益化、科学化、高效化。我国能源消费结构中煤炭占比约为 58%，约为天然气和石油消费总量的两倍。随着环境观念的转变，新一轮能源变革秉持着低碳、清洁、可持续的理念而构建新的能源体系。传统电网正向着协调各类电源、联系各类产业、信息双向互动等优化配置各类资源的方向发展，从而带动智能家居、智能交通、智能社区、智慧城市的发展。智能电网作为我国能源战略之一，其工程量大，涉及产业众多，前期投入高，受益面广，带来了经济、环境、社会等领域的综合效益发展。因此，电网企业的项目投资需要考虑的因素极多，包括国家地区政策、环境社会影响、经济效益等，具有多目标性、不确定性、非线性和多阶段性等特点，是一个不确定性的、多目标优化的复杂系统工程决策问题。

随着数字经济和智能电网的发展，社会对电力的需求和可靠性要求不断提高，电网企业将获得大量的电力相关数据，如何利用神经网络和大数据等人工智能技术更好地为未来智能电网项目投资决策和建设提供相应的理论依据、数据支持及经验是当前研究热点问题。

综合考虑电力投资项目的复杂性和风险性，从智能电网的可持续发展角度出发，提出一种基于神经网络思想的多层次多角度电网投资项目综合评估方法。该方法可以用于对电网建设投资计划进行定性与定量相结合的综合分析评价，以适当的形式呈现结果。其优点是能通过数据层次结构化，对各层次数据进行分类排序分析，计算投资计划对企业战略目标实现的影响程度。该方法采用多层次网络结构，具有灵活的可扩展性，采用神经网络模型将电网数据与传统专家评估模式相结合，最大限度地降低传统专家评估模式与层次分析法(analytic hierarchy process，AHP)在多指标条件下的主观性影响，有助于促进智能电网与大数据技术的进一步融合发展，为开发相应的智能决策支持系统提供了一种理论框架。

5.4.2　遗传算法在智能电网中的应用

1. 基于遗传神经网络估算智能电网输电线路造价

目前，在我国智能电网建设中一个突出的问题就是控制和降低工程造价，措施之一就是快速准确地估测工程造价，以此作为项目评估、立项及投资控制的依据。因此，作为智能电网建设中的重要组成部分，如何快速估算出输电线路工程的造价已经成为造价管理及辅助决策的核心问题。

输电线路建设中，工程施工成本是由诸多因素决定的，这些制约因素导致工程施工成本估算的指标太多，以及在不同施工环境下量化工作难以实现，从而在实际工作中很难准确估算。应用遗传算法建立神经网络恰恰能实现隐含函数映射功能，并且能在训练集经过不断训练后收敛，能很好地实现对连续函数的任意精度映射的无限逼近。把遗传神经网络运用到输电线路工程施工成本估算中，最后能达到合理价格值，从而减少人为因素，能较好地提供施工成本价格的决策作用，为解决输电线路施工成本估算问题提供理论和现实的指导意义。

2. 基于改进遗传算法解决电网频谱分配问题

为了满足用户日益增长的电力供应等方面的需求,智能电网应运而生,其实质就是将以物理电网为基础发展而来的通信技术、信息技术与现代的测量传感技术、测控技术、计算机技术等融合成新型电网。然而,目前频谱资源的分配已经趋于饱和,频谱资源缺乏的问题越来越突出。前期相关工作多为固定式频谱分配方法,造成了大量的频谱资源浪费。因此,认知无线电作为一种新的动态频谱共享技术被提出。它具有认知能力及重配置能力,可以随时随地为用户提供可靠安全的通信,并能够提高空闲频谱资源的利用率。

现有智能电网频谱分配模型包括图论着色模型、博弈论模型、智能优化算法模型等。其中,智能优化算法模型通过模拟自然生物的行为寻找问题最优解,相对其他模型具有寻优效率高的特点,然而存在容易陷入局部最优的缺陷。相较于粒子群算法和蚁群算法,遗传算法具有更好的扩展性,便于与其他优化算法相结合,因此提出一种基于自适应和声搜索遗传算法的智能电网频谱分配方法,旨在提高算法的收敛速度以获得全局最优解。

在经典遗传算法中,以目标函数值为依据,每个个体朝着最优解不断进化,在优胜劣汰的过程中,许多个体被淘汰。若该过程失去控制,很可能出现近亲繁殖以及种群多样性缺失的情况,使得算法陷入局部最优而难以跳出。除此之外,初始种群的产生也是随机的,因此可能导致种群初始生成时的基因有一定限制。基于以上问题,提出自适应和声搜索遗传算法,其运算过程保留和声搜索与自适应遗传算法的思路,不仅可以优化初始种群生成的基因,而且能够动态地选择合适的交叉概率和遗传概率使得算法跳出局部最优解,以达到更好的网络效益。

在改进的遗传算法即自适应和声搜索遗传算法中,将和声搜索运用到种群初始化过程中以免限制种群初始基因,并与自适应遗传算法结合,改善了传统遗传算法中交叉概率和变异概率固定所导致的陷入局部最优解的问题。改进遗传算法在网络效益及收敛速度方面均优于基本遗传算法,可以有效提高智能电网频谱分配效率。

5.4.3　人工智能在智能电网中的其他应用实例

1. 对可再生能源管理预测

间歇性可再生能源在现代社会日益普及,发电时产生的间歇和波动对电网造成的影响越来越大,确定一个精准的可再生能源周期对预测发电功率、保障系统运行稳定和促进经济的发展都很重要。建立一个处理数据能力和特征提取能力极强的预测模型是加强间歇性可再生能源发电功率预测精度的关键。此外，还需具备优秀的修正功能和自我学习功能。浅层模型通常作为传统预测方法，它的缺点在于处理非平稳特性、非线性风能和光照数据时性能相对薄弱。因此，相关研究者需开发出具有深度学习能力和回归能力的预测模型。政策、价格及天气等因素影响着能源负荷，因此构建精准的模型相对困难。采用深度学习的方法，可以快速提高预测能力。

2. 评估电网的稳定性

电网的稳定性体现在当电网受到大小干扰后能快速恢复到原有的运行状态，并在受到扰动时做出相关应对决策。各种优化因素加入到电网的稳定控制，增大了电网稳定的控制难度。

列解传统的电网稳定模型十分笨重，建模需考虑各种各样的拓扑结构、运行方式和故障类型等。因此，这种模型的建立方式比较古板单一，不能灵活地应对现在新能源和新型电力设备的接入，限制了现有智能电网的发展。当现有的模型流控制转化为数据流控制时，可通过数据挖掘和人工智能学习的方式对数据进行处理，直接进行有效的预测控制。当数据信息量较小时，可采用深度学习方式进行信息的提取、捕获及预测，得到充分有效的信息后采用强化学习的方式进行数据提取，大大提高决策的精确度和有效控制率。

3. 助力高效配用电

人工智能具有良好的学习能力。通过机器学习中的聚类能力、分类能力及辨识能力可在配用电行为中进行数据和负荷的检测，通过有效的数据检测能高效地解决接入系统问题。促进和改善综合能源系统，以提供更高效的操作方式，更好地支撑相关数据流。用户端的配电行为中，以电表采集的功率、电压及电流等作为数据流的基础，加入人工智能的思维，对客户进行分类供配电行为，达到高效配电的目的。

4. 助力电网检修

1)图像识别技术

随着数码摄像与计算机视觉技术的快速发展和广泛应用，高清视频监视、红外热像、移动设备高清摄像等技术不断成熟，使得图像识别技术发展随之加快。图像识别技术是指对图像进行对象识别，从而识别各种不同模式的目标和对象。图像识别实现过程包括：图像获取；通过平滑、变换、增强、滤波等对图像进行预处理；抽取、选择图像特征；训练确定判决规则的分类器；在特征空间中对识别对象分类。目前，图像识别技术广泛应用于安防、交通、智能检测、金融等多个应用领域。

在电网检修工作过程中，一方面，巡检过程中人员可通过手持移动设备或智能检测设备采集可见光、红外光、紫外光等图像信息，这些图像具有体量大、增长速度快且价值密度低等数据特征，以人工方式筛选和判定，效率低下且准确度较低；另一方面，在被检修设备的识别确认、设备故障的诊断、操作过程的监控、人员施工的管理等过程中，传统方法是通过施工人员和现场监督人员进行人为判定，导致设备部件判定失误、操作过程步骤缺失、人员安全措施不到位等情况时有发生，严重的将危及检修人员生命安全和电网供电安全。为此，针对电网检修过程中所涉及的相关图像进行自动识别检测，提取相关的特征，对于准确把握检修设备状态缺陷，把控检修流程与人员管理具有重要的技术价值。

2) 自然语言处理技术

自然语言处理技术是人工智能领域的一部分，可以帮助用户借助计算机理解并使用人类语言。中文文本的识别处理流程主要包括：文本预处理，文本的分段、分句、分词、停用词过滤等；文本表示，即将文本转换为计算机可识别和处理的形式；分类器的选择、构造、训练及测试。自然语言处理技术目前已深入各行各业，如文字检测、标牌信息识别等。

在电网检修中涉及大量的文本分析，主要包括设备长期运行过程中的检修记录、缺陷/故障报告以及检修/消缺文档、设备检修作业指导书、设备检修方案、各类检修标准和规范等。其中存在着大量电网检修所需的检修流程指导、不同故障判定及处置标准、设备健康信息等，对建立电网智能化检修档案具有重要意义。通过引入自然语言处理技术，结合电网检修专业知识，构建适用于电网的自然语言处理框架，解决电网检修中文本挖掘存在的句中成分难以划分及数字信息无法准确提取等问题，为建立智能化电网检修知识库提供技术支持。

3) 语音识别技术

语音识别技术将人类语音中的词汇转换为计算机能够理解的输入，计算机尝试识别和确认发出语音的人员，并根据语音指令进行下一步响应。语音识别技术是在自然语言处理技术的基础上进一步发展起来的技术，针对的是实时的语言检测、识别、反馈。语音识别技术的兴起使得很多行业发生了改变，尤其在智慧家居、智慧导航等众多领域的应用中。

在传统的电网检修工作中，需要作业人员在现场翻阅大量的纸质资料，查阅操作手册等，并进行每步检修步骤的确认，这种方式不仅效率较低，而且极易出现差错。为此，基于语音识别技术建立语音交互系统，依托可穿戴设备实现现场作业指导、流程监控、预警提示、专家远程指导请求等多种人机交互功能，可减少检修工作量，提高工作效率，降低检修工作安全风险。

4) 知识图谱技术

知识图谱技术是显示知识发展进程与结构关系的一系列各种不同的图形，用可视化技术描述知识资源及其载体，挖掘、分析、构建、绘制和显示知识及它们之间的相互联系，依托推荐算法及机器学习等技术，能够实现各应用领域知识的应用推荐。

在传统的检修计划制定、检修方式选择、现场检修问题的处理等过程中，往往需要工作人员在对相关的技术规范、设备参数、检修流程、故障处理方式等材料熟知的情况下才能进一步制定相关的检修流程、检修建议等。依托知识图谱构建电网检修知识网络，对在电网检修工作中的历史检修情况、设备参数、故障处理方式、不同检修作业流程等知识进行关联，实现检修计划自动生成、检修过程故障处置方式自动推荐、检修工作辅助决策等。

5.5　人工智能在智能电网中的前景展望

人工智能是一种基于人类行为与思考方式而赋予机器智能机械思维的一种未来性技术。随着各国研究人员对其研究的深入，人工智能在很多领域已经进行了大量的实验性应用，如医学、哲学、智能操作与驾驶领域等。在电力系统中，如果将人工智能与电力系统结合起来，不仅能够提高电网系统运作的智能性与能动性，而且能够保证我国电网系统的快速发展。目前，在电网与人工智能技术的结合研究过程中，开发项目主要有人工神经网络、遗传算法、专家系统以及模糊控制等。若能够在电网控制系统中高度运用这些技术，电网系统将更适合我国复杂的电网分布系统和电力调配工作，降低电网操作的复杂性与危险性，减少投入资源成本[70]。

最初，人工智能技术主要诊断电网出现故障的地方，有效预测电路负荷，并且控制电网的部分领域。随着该技术的深入发展与进步，在我国人工智能技术已与发电、输电、变电、配电、用电和电力调动等多个电力应用环节进入了高度协调工作模式。

在发电环节，通过人工智能技术可以检测发电设备的工作情况，以预先检测出故障，降低设备的故障率，整体提升发电设备的生产效率，同时可应用于发电设备的电力调动。

在输电环节，通过人工智能技术和自动巡检输电网络，可有效监控输电网络，也可以诊断整体的输电网络故障，提高输电的稳定性。

在变电环节，人工智能技术可以对变电故障进行预警，对变压器进行自动智能化检测诊断，实现在变电站内对变电设备的自动巡检[71]。在变电环节发展人工智能技术，可以有效减少变电站的数量，提高变电效率，建立起安全高效、占地较少的变电站。

在配电环节，不仅可以对配电设备进行故障诊断，还可以通过智能化的配电规划和设计，利用科学的运营管理实现配电工作的高效性，可以通过人工智能视频监控有效及时地发现故障。因此，在配电环节应用人工智能技术，不仅可以高效地进行电力网络配电工作，还可以实现高度智能化的配电，将电力准确配送到需要的地方，有效保障整个供电网络的安全。

在用电环节，采用人工智能用电设备可以有效地分析用电者的需求，在给用电企业和居民提供个性化用电服务的同时，将人工智能技术应用到电力销售等营销领域，为企业带来更大的经济效益。

在电力调度环节，人工智能技术可以为电力企业提供准确的天气资讯，为电力网络提供智能化的安全评估，还可以分析当前电力使用和供给市场的情况[72]。在未来我国大规模的特高压电网中，人工智能技术的应用成果必然成为我国电力企业管理电力网络过程中一个必不可少的工具。

现阶段的人工智能主要为智能电网实现解决安全隐患、降低劳动成本、实现生产效率提升等方面的价值，并逐步向实现专业领域复杂问题的智能化分析、决策方向发展。基于目前人工智能技术的发展和应用现状，建议人工智能在智能电网中的应用可分为下述三个阶段实施。

(1)第一阶段：该阶段针对短期发展目标，系感知智能深化应用阶段，继续深化电力系统中简单业务的智能化替代，并培养一支既熟悉业务又懂人工智能技术的人才队伍，搭建人工智能基础实验及公共服务平台。目前在电力系统中，仍有大量业务工作存在自动化、智能化程度偏低问题，这些工作枯燥、重复，并不复杂，但需要大量人员参与，耗时耗力。人工智能的优势之一就是延伸人类听觉、视觉、触觉等能力，特别适合单一、重复、机械及危险环境的工作。无人机及机器人智能巡检、监控视频及图像的智能分析、智能客户服务、智能仓储、电能表智能化计量检定等是该阶段的主要应用方向。

扩大无人机及机器人智能巡检应用面，提高海量视频、图像、语音等数据智能分析水平，完善客户服务质量是该阶段的主要目标。第一阶段将以智能化工作方式替代重复、单一、机械的工作方式，减少人工成本，提高工作效率与可靠性。此外，这一阶段的工作还将为下一阶段提供大数据资源、基础设施支持以及人才储备。

(2) 第二阶段：该阶段针对中期发展路线，系认知智能发展实现阶段，通过人工智能技术逐步实现专业领域复杂问题的智能化分析、决策，并逐步建成能够处理专业领域业务的人工智能系统。随着第一阶段的电网业务智能化发展，大部分电网业务已具备较高的智能化水平，但业务之间往往相互独立，未能充分发挥出有效的协同作用。利用人工智能技术有效整合各系统，发挥系统之间的协同效用，极大化发掘系统的潜在价值，实现管理优化。在电网向能源互联网和高电压大电网广域互联发展的格局下，人工智能与电网应用技术融合将有效提升驾驭复杂电网的能力，提高电网运营的安全性，转变电网经营服务模式。第二阶段的目标是借助人工智能技术的学习、推理能力，分析智能电网在大数据背景下的各种复杂问题，以获得超越单个人脑智能的预测、分析等能力，提升专业人员的分析、决策能力，并逐步建成用于处理专业领域业务的人工智能集成系统平台。

(3) 第三阶段：该阶段针对长期发展愿景，系创造智能阶段，将逐步建成能实现自主发现知识、规律、自主控制的智慧能源系统。人工智能的最终目标是希望实现类似人一样具有抽象性思维、创造性思维的通用智能。纵观历史进程，目前人工智能的发展仍处于感知智能向认知智能过渡的阶段。若想实现具有思考能力、创造能力、情感能力的"强人工智能"，还有很长的一段路要走。在世界范围内，人工智能技术在相当长的一个阶段，仍将停留在认知智能阶段，也就是目前基于某个应用场景、背景环境下的专业智能。第三阶段的目标是建成智慧能源系统，使整个能源系统具有自主认知能力，能与外部其他智慧系统进行自主交互，并能依据外部环境因素的激励实现本系统内各环节的自主协调控制，达到提高能源利用效率、节约能源生产成本的目的[73]。

5.6　本章小结

本章首先介绍了人工神经网络和遗传算法等人工智能关键技术的基本概念、应用价值和发展趋势；然后从算法、数据和算力三个方面分析了新一代人工智能在智能电网中存在的关键问题；最后从能源供应、电力系统安全与控制、运维与故障诊断、电力需求、电力市场等应用领域分析新一代人工智能在智能电网中的应用，同时介绍了神经网络和遗传算法等人工智能技术在电网建设与运行中的具体应用。

第6章　特高压应用下的智能电网

特高压电网，可形容为能够提升电力输送"容量"与"距离"的"高速公路"。同样的条件下，运用特高压直流电网可输送的电量是传统电网的5～6倍，送电距离也是后者的2～3倍。一条1000kV特高压线路，一天满负荷的输电量将达到1.2亿kW·h，相当于每天运送14列火车的煤炭。

随着需求的日益剧增，特高压电网智能化建设成为我国智能电网、现代化电网建设的重要内容，以坚强的网架结构为基础，以智能控制和信息通信平台为技术支撑，协调处理好发电、输电、配电、变电、用电和调度等各个电力供应运作环节，集能量流、业务流和信息流于一体，进而建设成经济高效、透明开放、清洁环保、坚强可靠的电网成为首要目标[74]。当前，智能电网建设已经成为世界电力发展的必然趋势，我国智能电网建设以特高压电网智能化为建设关键点，使其充分发挥在国家智能电网中的主力支撑作用。

目前，我国电力装机规模越来越大，加上我国的资源丰富，幅员辽阔，在一定程度上决定了我国必须要进行跨区送电，从而必须要推进特高压输电网线路的建设。可以说，采用特高压技术已经不是优和劣的选择问题，而是电网发展的必然选择。

经过多年发展，我国的电力工业无论从量上还是质上都发生了巨大的变化。目前我国的特高压技术已处于世界领先地位，我国发展特高压电网是建立在科学的计算和分析的基础上。我国的特高压电网技术经过了计算机模拟计算考验，国内有28条(15交13直)在运特高压线路，已经足够证明特高压在配合智能电网输电中的优势地位。我国不仅建成投运了世界上运行电压最高、输送能力最强、代表最高技术水平的特高压交直流输变电工程，在世界上率先系统掌握了特高压输变电核心技术及具备了设备制造能力，而且立项编制了相关国际标准，由此主导了世界特高压输电领域的话语权，占据了世界电力技术制高点[75]。

6.1　特高压关键技术

6.1.1　特高压直流技术

1. 特高压直流输电原理

直流输电的电压等级概念与交流输电不同。在交流输电中，一般 35～220kV 称为高压，330～750kV 称为超高压，特高压则为 1000kV 及以上。而对于直流输电而言±800kV 以下称为高压，±800kV 及以上则为特高压。

特高压直流输电指的是在远距离输电的方式上选用直流输电线路，而在发用电系统中仍采用的是交变电流。特高压直流输电系统一般包括整流站、逆变站以及直流输电线路三个部分，有些和交流输电相连的直流输电系统还包括接在直流电线和交流网络之间的第三变换站。其中整流站的核心是整流器，其作用是将交流电整流变成直流电，目前主要采用可控硅整流管作为整流器；逆变器的结构与整流器相同而作用恰好相反。换流站设备除换流器外，通常还包括换流变压器、交流滤波器、平波电抗器、直流避雷器以及控制保护设备等[76]。

2. 特高压换流技术

1）柔性直流输电

加拿大学者 Boon-TeckOoi 在 1990 年正式提出采用脉冲宽度调制技术控制的电压源换流器进行直流输电的概念。柔性直流输电技术通过改变电压源换流器中全控型电力电子器件的开断状态，实现控制交流侧的无功功率和有功功率的目的，这样不仅可以保障电网稳定运行，还可以解决输电技术中的一些棘手问题。

对于柔性直流输电系统而言，无论是采用多电平换流器还是两电平换流器，均为单极对称系统。并联换流站与串联换流站相比具有损耗更低、调节范围更大、扩展方法更灵活等优点，因此目前正在运行的特高压柔性直流输电工程的换流站多采用并联接线方案。

根据桥臂的等效特性，柔性直流输电系统中的换流器可分成两种常见的不同类型，分别是可控电源型和可控开关型。特高压直流输电工程多采用全桥式柔性直流换流器，当直流电压急剧降低威胁系统正常运行时，换流器仍通过交流电压支撑工作，最大限度地抑制交流侧短路电流的产生。

2)换流阀塔设计

换流阀是特高压换流的关键设备之一，其中阀塔的结构设计好坏更是关乎特高压直流输电工程能否安全稳定运行的重要一环。目前我国的±800kV特高压换流阀的阀塔结构采用柔性防震的悬吊式二重阀结构，无论是高端阀厅还是低端阀厅均配置 6 座二重阀，每组 12 脉动换流器均由每座阀厅的 6 座二重阀塔构成[77]。同时为了避免换流阀产生电晕，减少输电过程中的电压功率损耗，屏蔽换流阀内部产生的磁场对外部环境的干扰，需将金属网罩安装在换流阀塔的上下两端。

3)阀冷系统设计

为了减少特高压直流输电过程中的热损耗，提高换流阀的工作效率，需要为换流阀配置独立的水冷却系统，通常将水冷却系统设计成强迫水冷，冷却系统分为内冷水循环和外冷水循环两个系统。其中内冷水循环是低含氧量的去离子水吸收换流过程中的热量对换流阀进行冷却，外冷水循环是冷却塔吸收内冷水的热量对换流阀进行冷却。

首先，内冷却水吸收换流过程中散发的大量热量而导致自身温度上升，接着通过循环系统将温度上升的内冷却水送到室外冷却塔内的换热水管，此时喷头从水池抽取冷水，将冷水均匀洒向换热水管表面，帮助管内由吸热导致温度上升的内冷却水降温，最后再使用主循环泵将换热水管里的内冷却水送回换流阀，最终达到降温效果。

6.1.2　特高压交流技术

1. 特高压交流输电概念

目前，1000kV 交流输电线路已经逐步成为特高压输电线路的重要方式，其具有建设成本低、电能损耗小、输送量大、便于长距离输电等优势，面对能源、负荷分布不均匀的问题，交流特高压输电线路可以最大限度地实现最优化配置。同时与超高压输电线路相比较，1000kV 的交流特高压还具有杆塔高、容量大等特点，而受各种因素的影响，交流特高压输电线路在抗污性能、线路空间、绝缘配合等方面还存在一些问题，所以加强交流特高压输电线路关键技术的研究十分重要。

2. 外绝缘特性技术

大多数交流特高压输电线路设计的建设位置相对较高，因此一旦遭遇雷雨等恶劣的天气环境，将会对电网系统的电力正常运输造成影响，为确保交流特高压输电线路运输的稳定性，避免恶劣环境下发生线路故障问题，设计人员需合理应用关键技术提升交流特高压输电线路的防雷电性能。而外绝缘特性技术的提出以及应用，便是为了强化交流特高压输电线路的防雷性特征，借助绝缘子串来削弱雷电对于交流特高压输电线路运行的影响，确保交流特高压输电线路不会由于雷电事故发生线路故障问题[78]。外绝缘特性技术的应用原理为，在交流特高压输电线路遭受雷电干扰的情况下，可借助绝缘子串来对导线以及杆塔空隙发生的电压异常问题进行自动调节，减少雷电环境对于交流特高压输电线路的负面干扰。

3. 过电压操作限制技术

从我国当前的实际情况看，交流特高压输电线路大多用于远距离输电，由于输电线路比较长，在线路运行过程中，会加剧运行成本，为确保电力企业的经济效益，防范由非全相工频谐振过大导致电压的加大，可以在交流特高压输电线路中应用过电压操作限制技术，设置高压并联电抗器。在具体的应用中，操作过电压对于塔头绝缘设计会有极大的影响，因此需要结合实验，得出塔头间隙50%以上的电压，依据试验曲线、计算结果等，得出塔头尺寸[79]。而对于交流特高压输电线路，线路运输极长，当电压倍数增大时，空气间隙也会大幅度增加，因此为保证综合效益，要有效地降低电压水平，保证过电压处于非饱和地带。

4. 导地线技术

在交流特高压输电线路中，导地线技术是十分重要的组成部分，也是实现低消耗的关键。在整个线路系统中，交流特高压线路包含磁场、无线电干扰、工频电场、可听噪声等，进行导线分裂改善时，还应该利用大截面导线来提升导线的改善效果。导地线的低电阻可以极大地减少线路运行损耗，同时导地线的机械强度比较大，可以承受相应的机械荷载，确保交流特高压输电线路的运行安全。

导地线技术应用注意事项为：

(1)交流特高压输电线路架设的环境温度需在 –9～43℃，且周边环境的年平均温度达到21℃。

(2)由于交流特高压输电线路极易受到电磁干扰，需要适当增加导地线的机械强度，确保输电线路能够达到标准制度下的负载力，继而高效稳定地完成电能传输工作。

5. 无功平衡技术

无功功率平衡原则按地区及电压等级对无功电源和无功负荷进行平衡，避免经长距离线路或多级变压器传送大量无功功率，以降低电力网损耗，实现经济运行。进行无功平衡时尚需考虑随负荷值的变化应具有的调节能力。无功电源及无功负荷进行无功功率平衡时，应考虑无功电源和无功负荷两个方面。其中无功电源包括：①发电机发出的无功功率；②系统无功补偿设备；③110kV 及以上电压架空线路及各级电压电缆的充电功率；④从电力网外可能输入的无功功率。无功负荷包括：①系统用户无功负荷，主要是异步电动机无功负荷；②线路和变压器的无功损耗；③并联电抗器消耗的无功功率；④发电厂厂用无功负荷；⑤晶闸管，包括直流输电，在整流和逆变时吸收的无功功率[80]。无功备用容量进行无功功率平衡需要留有一定的无功备用，以适应系统负荷的变化并满足运行的可靠性。

6.1.3　特高压交直流技术对比

1. 特高压交直流输电技术优点

1) 特高压直流输电技术的优点

(1) 经济方面。一般来说直流输电需要的电缆较少，对材质的要求也较低，因此在一定程度上可以有效减少工程成本。直流输电时，架空的电线只有两根，所以在输送过程中损失的电力少，每年损失的电能量可以大大降低。所以，直流架空输电线路在线路建设初期投资和年运行费用上均较交流输电少。

(2) 技术方面。随着电网的非同期互联，系统稳定问题将不复存在，且交流电力系统中的所有同步发电机都会保持同步运行。直流输电的输送容量和距离不仅不再受同步运行稳定性的限制，还能够连接两个不同频率的系统，实现非同期联网，从而进一步提高系统的稳定性。直流输电通过专门的配置调节电流，在遇到突发情况时可以及时改变电流的方向，相对来说是比较稳定可靠的[81]。直流线路在比较稳定的情况下是没有电容电流的，因此当沿线电压分布平稳、无空、轻载时，也不需要并联电抗补偿。另外，因为是利用两根线进行输电，所以在施工方面可以有效缩短工期，帮助工人减少技术投入，节省线路走廊。

2) 特高压交流输电技术的主要优点

(1) 提高传输容量和传输距离。随着电网区域的扩大，电能的传输容量和传输距离也不断增大。所需电网电压等级越高，紧凑型输电的效果越好。因为适合于短距离大容量输电，所以在一定情况下可以满足人口密集地区、工业发达地区的电量需求，人们可以通过交流输电的方式把城市的各个方面都联系起来，保证城市整体的能源供应。

(2)减小电能传输的成本。电压越高，其输送单位容量的价格就越低。因为是大容量输送，所以一般来说电压越高，输送的成本就越低。

(3)减小变电站和线路走廊的占地面积。一般来说，采用特高压输电提高了走廊利用率。因为是交流输电，所以输送到目的地时，可以减少变电站的数量和占地面积，在一定程度上可以减少城市的用地面积，最大限度地利用资源。

(4)有利于联网、简化网络结构、降低故障率。交流输电有利于各个输电网点之间的相互连接，可以有效减少电线和电缆的使用，同时在遇到故障时，可以迅速找到故障所在地区，迅速进行维修，不耽误后面的输电工作。

2. 特高压交直流输电适用地区

特高压输电技术主要适用于大容量的电力输入与输出，一般来说可以满足输入地区的电量需求。但是交流输电和直流输电还是存在差异的，在不同的环境下会有不同的考虑因素。

1)特高压交流输电适用地区

特高压交流输电技术主要适用于近距离大容量输电，一般来说适用于我国长三角地区、珠三角地区以及京津冀地区，因为这些地区经济发达，每年所需的电量极大，利用电力可以为工业、服务业注入新的活力。长三角地区离安徽、江苏、浙江三省最近，而江浙两省的很多城市都在长三角地区之内，所以一般来说从安徽输电比较可行，可以把安徽多余的电力通过特高压交流输电的方式输送到长三角，满足长三角地区的生产和生活需求。以此类推，珠三角地区应该按地理位置，把广东西部和福建西部地区多余的电力通过特高压输电的方式输送到珠三角地区。而京津冀地区应该利用河北、山西等地的多余电力。以上属于近距离大容量输电，比较适合采取特高压交流输电的方式。

2)特高压直流输电适用地区

特高压直流输电技术一般适用于长距离大容量输电，比较适合我国的西电东送工程。我国西部地区拥有丰富的能源和资源，但是西部地区处于内陆地区，人口密度小，对电力的需求较少，而东部沿海地区，经济发展速度快，需要大量的资源来推动经济发展，通过西电东送工程可以有效地把西部地区的电能输送到东部地区，这样一方面可以带动西部经济发展，另一方面也进一步为东部的经济发展提供源源不断的动力。特高压直流输电技术可以有效减少在输送过程中，由距离过长而造成的电能损耗大的情况，最大限度地减少资源的浪费。

3) 特高压交直流输电的应用场合

(1) 远距离大容量输送。

我国水电、煤电和负荷中心分布极不平衡。其中，2/3 的水电分布在西南地区，2/3 的煤电分布在西北地区，而 2/3 的用电负荷位于东部沿海和京广铁路以东。现代电网具有大机组、高参数、超高压等特点，安全稳定问题突出，在国内外均有稳定破坏导致大面积停电的事故，输电网络明显呈现出"西电东送""北电南送"的格局，输电距离为 600～2000km，输送容量为 5000～20000MW。从输电经济性角度讲，当距离超过 1200km 时，采用 ±800kV 直流输电比 1100kV 交流输电更具经济性。

(2) 近距离大容量输送。

目前，负荷中心地区出现了输电走廊紧张、短路容量大等难题。以长三角地区为例，如上海、苏南、浙北等负荷中心，输电距离为 200～500km，从输电经济性方面考虑，采用 1100kV 的交流输电更具经济性。因此，对于珠江三角洲、环渤海经济区及华东电网区域内的输电系统，采用特高压交流输电，经济性良好，同时解决了短路电流大、输电走廊紧张等问题。

(3) 区域电网互联。

利用特高压输电技术，我国已形成东北、华北、西北、华东、华中及南方电网等六大跨省区的互联电网，实现了跨区域、跨流域的资源优化配置。

对于以上区域互联电网，采用特高压直流输电实现区域非同步联网，送、受端的交流电网可按各自电压和频率独立运行，相互间无须传送短路功率，这在一定程度上提高了整个系统的稳定性。假如采用特高压交流输电实现电网的同步运行，则对互联电网的同步性要求很高，稍有不慎可引起系统崩溃，同时还可能导致短路容量的增加[82]。从国内外实践来看，在区域联网场合，特高压直流会比特高压交流更具优势。

3. 特高压交直流输电运行特性分析

我国特高压输电网的发展始终坚持交直流并举，以特高压交流输电骨干网替代超高压交流电网，合理利用特高压交直流输电技术，实现优势互补，在大型能源基地能源开发外送以及偏远地区电能外送等实际问题中发挥重要作用。目前，我国特高压混联电网逐步发展并已初具规模，但随着特高压直流输电的阶跃式发展，电网的运行特性发生明显变化，引发对"强直弱交"模式合理性的再次反思，输电网安全问题得到重视。

1）交直流之间的交互影响

大量工程实践表明，我国电网时常发生单相短路故障，可能引发单回或多回直流换相失败，对交流断面造成巨大冲击，严重时还将导致直流系统闭锁，中断功率传输。换流母线电压质量直接决定换流能否正常进行，一旦发生故障，畸变的电压波形可能会导致换相失败。通过理论分析，可知导致换相失败的原因分别为电压幅值降低和电压过零点偏移。

换相失败会导致大幅度功率波动。虽然故障持续时间极短，但波动过程却为换相失败时间的 100～200 倍。换相失败时，送端电网直流功率无法传输，可能会造成瞬时大功率盈余，影响送端交流侧；受端则会发生大功率缺失。同时，故障及恢复期间，大量无功将被吸收，直接威胁电网安全。

直流输电容量决定着换相失败时产生的冲击强度，必须大力发展交流主网架构，以防止引发大规模潮流冲击。我国电网可承受单回特高压直流两次换相失败，如若发生单回及多回直流多次换相失败将超出电网承受范围。

总体来说，特高压交直流电网的固有特性，使交、直流之间易产生交互影响。受端交流侧故障导致直流换相失败，不但会对受端造成功率冲击，还会把冲击传递至送端，严重时影响其稳定性。

2）交直流混合电网稳定性分析

直流系统的特有性质使得暂态过程十分复杂，以下从电压和频率两方面来分析其对整个系统的影响。

直流侧故障造成的暂态电压波动将影响输送条件，从而无功功率补偿出力发生变化。无源补偿元件能否在该情况下向直流系统提供所需功率是值得研究的，因其会影响交、直流系统之间无功功率交换的大小，由此便产生电压稳定性问题。

直流系统在故障及恢复中吸收大量无功功率，将直接影响动态电压的变化。据实例可知，单回及多回直流系统换相失败时，前者逆变侧从系统吸收的无功功率大约为 4500MW，后者更甚。相关数据证明，浙南电网在受电比例为 45% 的大受电方式下，500kV 线路发生交流 N–1 故障会造成电压失稳。

多馈入直流系统存在无功支撑不足的问题，电压调节特性逐渐恶化。直流系统与常规机组的无功电压调节特性呈相反态势。换相失败会产生如直流电压降低、直流电流增大等不良后果，将直接干扰受端侧电压。直流侧无功改变时，交流侧母线电压幅值会发生变化，间接造成直流控制器作用，而控制器引起的功率改变会反过来影响受端电压。送端交流侧故障清除后，直流输送有功因系统电压恢复而逐渐正常，但无功需求增加与较低交流换相电压之间的矛盾会形成对受端侧的瞬时无功冲击，从而受端电压失稳。

直流闭锁期间，由于常规保护操作，受端侧电压的暂态过程将变得复杂。一种新的保护措施是通过保留交流母线处电容器组来维持电压的暂态稳定性，即故障发生至无功装置切除期间，受端的无功盈余将提升系统电压。但在无功补偿切除后，两端系统趋于平衡，交流电压逐渐恢复常态。由此可知，闭锁期间电压发生大幅变化将影响系统稳定运行，同时还对其电压调节能力带来巨大考验。

混联电网频率调节能力逐渐下降，频率稳定无法得到保障。频率调节能力由两个因素起决定性作用：机组调频能力和交流系统转动惯量。

常规机组逐步被新能源机组及受端大规模直流馈入所取代，但电网标准只对传统机组提出了明确规定，致使调频能力减弱，严重影响频率稳定。除了新能源机组一次调频能力不足外，常规机组一次调频性能同样存在严重隐患。直流双极闭锁发生时，馈入端瞬时损失大量功率，造成送端直流功率盈余，受端侧频率下跌。据统计，华东电网在一次馈入直流双极闭锁事故中，瞬时功率损失约为 5400MW，频率跌至近十年新低，为 49.56Hz，越限时间达数百秒之久。事故期间，华东电网机组的调频能力较差，未满足性能要求的比例达 80%。

系统转动惯量决定着电网承受有功冲击和频率能力的大小。近年来，新能源机组以及大规模直流馈入替代了常规机组，但二者不具备转动惯量特性，将直接导致系统频率调节能力下降[83]。

6.2 基于特高压交直流技术的坚强智能电网

由于特高压智能电网具备容量大、距离远、损耗低、送电能力强等优势，不仅能够保障我国未来电力供应满足用户用电增长需求，还能够通过优化配置能源资源，提高煤电、水电基地的大规模电力外送能力，降低煤炭能源消耗，促进我国低碳经济发展。"十四五"期间，建设特高压智能电网是提高电网可靠性、安全性的有效途径，也是协调各地区电源平衡、提高社会综合效益的重点建设内容，对于推动我国电网健康长远发展具有重要的战略意义。

特高压输电技术的成熟及商业应用为我国大电网发展提供了坚强支撑,我国现在直到未来的跨区输电规模、输电距离,明显要超过国际上其他大电网,因此采用特高压交直流等先进输电技术是适合国情的战略性选择,完全可以适应更长时期内我国电网发展的需要。

6.2.1　特高压与智能电网的统一性

特高压是构成智能电网的"骨干网架"。电网连接电力生产和消费,其运行效率是节约能源、提高电能利用率的关键。我国的传统电网是区域电网,电源的接入与退出、能量的传输都缺乏弹性,运行效率非常有限。近年来,我国提出以信息化、自动化为主要特征的"智能电网"概念,智能电网就是通过提升发电利用效率和电能在终端用户的使用效率,以及推动水电、核电、风能及太阳能等清洁能源开发利用,每年可以带来巨大的节能减排和化石能源替代效益[84]。而建设智能电网过程中,特高压在智能电网中的地位非常高,作用非常大。它通过远距离、大容量输电把区域电网连接成全国统一的电网,形成智能电网,因此,特高压是智能电网的"骨干网架",发展智能电网,需要特高压的支撑。

6.2.2　交流特高压在智能电网中的应用

1. 基于外绝缘特性技术防范线路故障

分析交流特高压输电线路可以知道,通常情况下该线路的建设位置都比较高,因此,如果遇到雷雨等比较恶劣的气候条件,将会对电力资源的正常输送造成不利影响。为了有效避免此类问题的发生,就必须采取合理的措施提高交流特高压输电线路在运输过程中对于雷电的预防性能,通常会选择使用外绝缘特性技术[85]。该技术应用的主要工作原理是在发生雷电干扰输电线路正常输送电力资源的情况下,通过绝缘子串自动调节由导线和杆塔孔隙出现缝隙而导致的电压异常情况,最大限度地保证输电线路不会受到雷电所带来的负面影响,提高线路所具有的防雷性,避免输电线路出现故障问题。

2. 基于过电压操作限制技术提升电网效益

当前时期,国内交流特高压送电线路的实践运用大多是在距离较远的电能运输方面,为此,其所运用的输电线路距离较长,这种状况会致使电能输送方面资金投入增多。为有效达成管控电能运输投资的目的,让电能运输所创造的经济效益达到最高水平，减小由低非全相工频谐振致使电压过高，应当在实践中选用过电压操控技术。该技术的主要做法是在运输线路中增加高压并联电抗器，其对于输送线路上的过电压操作不会对塔头的绝缘设计产生直接的影响，因此必须在结合实验的情况下进行，使运输线路获得的电压大于塔头间隙 50%电压。与此同时，塔头的尺寸可以通过试验曲线以及相关计算所得数据获得。对于交流特高压输电线路来说，由于其运输过程中的线路比较长，在电压倍数的作用效果下，空气间隙便会明显增加[86]。这种情况下，要想更为有效地保障电力企业在运输电力资源上的经济效益就必须在结合实际情况的基础上实现对电压的降低，保证线路上的过电压位于非饱和区域。

3. 基于导地线技术改良特高压线路

在整个交流特高压输电线路中，导地线技术不仅能够保障线路运输过程中的安全性，而且能够有效降低线路运输过程中对于能源的损耗。对于输电线路系统内部的交流特高压线路来说，其涉及的内容比较多，主要包括磁场干扰及无线电干扰等。在对导线开裂状况的持续改进历程中，可通过运用截面面积比较大的导线来提高导线的改进效果。另外，利用导电线电阻较低的特点，减少线路在正常运行期间能源的耗费，还可以经过导地线机械强度的增强，有效承载机器负载，确保交流特高压输电线路运行的平稳性。

4. 基于无功平衡技术减小无功冲击

通常情况下，交流特高压输电线路中所含有的电流和电压都比较高，再加上线路的长度比较长，因此其在实际运行的过程中极容易出现无功平衡的问题。相关技术工作人员可以通过相关设备的安装实现对其系统内部无功冲击的有效抵消，进一步加强系统内部的无功平衡，主要设备包括高压电抗器、低压电抗器和可控电抗器。

6.2.3　直流特高压在智能电网中的应用

1. 多馈入直流系统概念

基于换相换流器(line-commuted converter，LCC)的高压直流输电技术，需要受端交流电网提供足够的换相电压，且在换相失败后的功率恢复过程中还需吸收大量的无功功率，多馈入直流将给受端交流电网带来严重的安全稳定问题。多馈入直流集中落入东中部电网将是未来我国电网发展面临的突出问题之一。

多馈入直流系统存在的主要问题是受端电网是否能够提供坚强的电压支撑。交流电网对直流系统的电压支撑作用在很大程度上取决于交流系统容量与馈入直流输送容量间的相对大小，即短路比指标。传统短路比指标为电力系统规划和运行提供了参考依据，但由于无法考虑多馈入直流间的相互影响，只适用于单馈入直流系统。

多馈入直流之间电气距离短、相互影响大，为了更准确地反映受端交流电网对多馈入直流的电压支撑能力，国际大电网会议（International Conference on Large High Voltage Electric System，CIGRE）提出了多馈入短路比指标。在此基础上，有研究采用多馈入短路比衡量多馈入交直流系统电压稳定性，提出了判断多馈入系统强弱的数值标准。进一步研究指出多馈入直流系统电压稳定问题主要是电网结构问题，探讨了提高电压支撑能力的措施[87]。还有研究指出多馈入直流系统还会使得受端网络结构更加密集，加重受端潮流和短路电流水平。

2. 直流分层技术优势

特高压直流分层接入方式是提高多馈入直流系统的电压支撑能力，引导电网潮流合理分布的重要技术手段，对解决多馈入直流系统电压稳定问题、促进交直流电网协调发展具有重要意义，有广阔的应用前景。

（1）CIGRE 提出的多馈入短路比计算方法对于特高压直流分层接入方式仍基本适用。

（2）分层接入方式的 1000kV 和 500kV 母线短路比均高于相应单层接入方式的 1000kV 和 500kV 母线短路比。通常情况下，对于单层接入方式和分层接入方式，1000kV 母线短路比均高于 500kV 母线短路比。分层接入方式有利于发挥 1000kV 电网系统等值阻抗小的优势，并在一定程度上增大 1000kV 和 500kV 换流母线之间的联系阻抗，可使系统从整体上具有较大的多馈入短路比和电压支撑能力。

（3）特高压直流分层接入方式可以通过引导直流功率在 1000kV 与 500kV 间合理分布，充分发挥两级电网的输电能力，具有较好的经济和社会效益。

6.3　特高压在智能电网中的前景展望

"十四五"期间及之后一段时间，我国还将建设多条线路的特高压输电工程。随着我国新基建、"碳达峰、碳中和"和国家智能电网等概念的提出，特高压在这些领域将发挥重要作用，有着广阔的应用前景。

6.3.1　特高压在智能电网建设中的优势地位

1. 特高压建设促进国民经济发展与能源分布均衡

我国是一次能源和电力负荷分布极不均衡的国家。全国 2/3 以上的可开发水能资源分布在四川、云南等西南部地区，2/3 以上的煤炭资源分布在山西、陕西和内蒙古西部等西北部地区；风力、光伏发电等新能源基地大部分也位于西部和北部。而经济发达的东南部地区集中了全国 2/3 以上的电力负荷。西部能源基地与东部负荷中心距离超过 2000km。这就决定了我国电力结构的特点必然是远距离输送，而电力传输是有比较大的损耗的，电压等级越高，理论上传输的损耗越小[88]。我国国民经济和能源分布的结构特点决定了我国有建设特高压输电网的需要。

2. 特高压建设拉动智能电网相关产业链

由于特高压电网的产业链长，可以带动电源、电工装备、用能设备、原材料等上下游产业发展。据国家电网公司数据显示，以青海—河南±800kV 特高压直流工程为例，建成后将直接拉动电源等相关产业投资超过 2000 亿元，增加 7000 多个就业岗位，并且可以助推输变电设备制造企业转型升级。数据显示，2020 年国家电网公司的特高压项目投资规模达 1811 亿元，带动社会投资达 3600 亿元，整体规模达 5411 亿元。

3. 特高压建设彰显我国先进技术

建设特高压电网，引领着我国相关行业的技术进步和技术创新。2000 年建成的天广（天生桥—广州）直流输电工程，全套引进外国产品，工程自主化率几乎为零，那时还不是特高压工程。而到了 2009 年，我国第一条 1000kV 晋东南—南阳—荆门特高压交流试验示范工程建成；2010 年，云南—广东 ±800kV 特高压直流输电工程建成，国产化率超过 62%。特高压 1000kV 交流、±800kV 直流输电工程已经成为我国能源行业一张靓丽的名片，相关技术在 2012 年和 2017 年两度荣获国家科技进步奖特等奖。特高压相关技术等级高，难度大，在过电压、外绝缘等方面的技术都是世界级难题。我国的特高压工程在世界上首次研究并提出了 ±800kV 特高压直流输电绝缘配合和绝缘配置体系；首次提出双阀组均衡串联主接线拓扑结构体系，该体系已经成为直流特高压输电的标准型式，具有国际领先水平。

6.3.2　特高压对我国能源绿色低碳转型步伐的加速

特高压智能电网建设为实现"碳达峰、碳中和"打下坚实基础。大规模开发、大范围配置清洁能源是推动能源转型和碳减排的根本途径。依托特高压电网，我国清洁能源装机占比从 2010 年的 25%提高到 2021 年的 43%，每年减排二氧化碳 15 亿吨。青海—河南特高压直流工程作为世界上首条以输送新能源为主的大通道，每年可向中部地区输送"绿电"400 亿 kW·h，相当于减排二氧化碳 3000 万吨，成为我国加快碳减排进程的重要示范工程。

特高压在"碳达峰、碳中和"中将发挥重要作用。我国已提出力争于 2030 年前实现"碳达峰"、努力争取 2060 年前实现"碳中和"的目标，要实现这两个目标，核心是控制碳排放。要实现控制碳排放，关键是大力发展清洁能源。核电、风电和水电作为清洁能源，由于产生地都在中西部，未来的发展都将有赖于特高压电网。例如，我国五大风电基地主要分布在华北地区、西北地区、东北地区，仅新疆、甘肃、内蒙古、吉林等省（自治区）的风电装机就超过 8000 万 kW，因此风电消纳存在很大问题。只有借助特高压电网才能将如此集中和不稳定的电力传输到华北和华中等负荷中心，更好地使清洁能源发挥作用。国家电网公司发布"碳达峰、碳中和"行动方案，承诺"十四五"期间将新增跨区输电通道以输送清洁能源为主，保障清洁能源及时同步并网；"十四五"规划建成 7 回特高压直流，新增输电能力 5600 万 kW；到 2025 年，其经营区跨省跨区输电能力达到 3 亿 kW，输送清洁能源占比达到 50%。到 2030 年，国家电网公司经营区风电、太阳能发电总装机容量将达到 10 亿 kW 以上，水电装机达到 2.8 亿 kW，核电装机达到 8000 万 kW。这些清洁新能源电能，都将依赖特高压进行远距离、大容量输送。

6.3.3　特高压对新基建建设的推动

特高压是新基建的重要组成部分，对整个新基建具有重要作用。新基建中的人工智能、智慧能源、绿色出行等，对电能的需求很大，要求配电网柔性化发展，满足分布式能源及多元负荷"即插即用"的需求，实现源—网—荷—储高效互动。例如，5G 的基站建设数量将是 4G 的 4~5 倍，每台基站的耗电量是 4G 基站的 3 倍以上，也就是说，5G 耗电量是 4G 耗电量的 12~15 倍甚至更多，这些消耗的大量电能有赖于特高压输送。因此，中国要想在新

科技领域占据一席之地，发展特高压是大势所趋，它是基建中的基建，是未
来科技产业的底层保障[89]。

6.3.4　特高压对能源互联网实现"双碳"目标的助力

新时代赋予了特高压与智能电网新的使命，"十四五"提出"碳达峰、碳
中和"的目标正是两者未来的服务方向。中国能源互联网实质是"智能电网+
特高压电网+清洁能源"，是清洁能源在全国范围大规模开发、输送和使用的
基础平台，是清洁主导、电为中心、互联互通的现代能源体系[90]。建设中国
能源互联网将统筹发展与减排，加快清洁能源大规模开发消纳和电能广泛使
用，在能源生产消费各环节、碳排放各领域对煤、油、气等化石能源进行全
方位深度替代，以能源体系零碳革命加快全社会碳减排，实现我国"碳达峰、
碳中和"目标。

6.4　本 章 小 结

本章首先介绍了特高压直流技术和特高压交流技术的相关概念和原理，
分析了特高压交流和直流技术各自的优缺点、应用范围和相关核心技术原理；
然后从多个方面讲述了特高压交流和直流技术在智能电网中的应用；最后从
多方面阐述了特高压在智能电网背景下的前景展望。

第7章　工业互联网应用下的智能电网

美国工业互联网联盟定义工业互联网是由实物、机器、人与计算机及其网络组成，拥有人工智能制造、过程控制与个体感知、整合任何性质的网络而进行数据整合与数据分析的全球开放式智能工业系统，实质上，工业互联网通过对人、机、物的全面互联，构建新型工业生产制造服务体系，是工业经济转型升级的关键依托、重要途径和全新生态。

工业互联网与通常所说的互联网不同，通常所说的互联网是指消费互联网，与之相比工业互联网有三个明显的特点。

(1)连接对象不同。消费互联网是通过人和设备的连接，构建一个虚拟世界，进行各种活动。而工业互联网不同，其连接的是人、机、物等生产要素，是上下游产业间的泛在连接，它在现实世界进行各种活动。

(2)技术要求不同。消费互联网技术，对时延、可靠性等要求高，但业务短时中断带来的影响有限。工业互联网则对时延、可靠性和安全性等指标有更高的要求，且业务中断带来的影响更大更深远。

(3)发展模式不同。消费互联网技术标准等发展较为成熟，发展模式可复制性强。而工业互联网作为新发展的信息技术，其标准更复杂、专业化要求更高，决定了其发展模式可复制性低。

此外，两者应用的产业范围也不尽相同，消费互联网多与轻资产行业相结合发展，其投资回报快，吸引社会资本能力大，而工业互联网多与工业等实体行业相结合[91]。

7.1　工业互联网关键技术

7.1.1　边缘计算技术

边缘计算是在靠近物或数据源头的网络边缘侧，融合网络、计算、存储、应用核心能力的分布式开放平台，就近提供边缘智能服务，满足行业数字化在敏捷连接、实时业务、数据优化、应用智能、安全与隐私保护等方面的关键需求。一方面解决了实时要求与云通信延迟的矛盾，另一方面解决了各种异构数字信号的转置通信问题。它可以作为连接物理和数字世界的桥梁，使能智能资产、智能网关、智能系统和智能服务。边缘计算处于物理实体和工业连接之间或处于物理实体的顶端，基于边缘的大量设备生成的数据在本地进行分析，同时利用云计算对这些数据进行安全、压缩、配置、部署和管理[92,93]。当前，越来越多的公司希望进行本地数据分析，同时启用这些流程将设备连接至云端。

7.1.2　数据交互技术

1. 基本概念

通信就是为了实现信息的传递，实现通信必须要具备三个基本的要素，即终端、传输、交换。在数据通信网络中，通过网络节点的某种转接方式来实现从任一端系统到另一端系统之间接通数据通路的技术称为数据交互技术。

通信子网是由若干网络节点和链路按照一定的拓扑结构互连起来的网络。中间的这些交换节点有时又称为交换设备，这些交换设备并不处理流经的数据，而只是简单地把数据从一个交换设备传送到另一个交换设备，直至到达目的地。子网是为所有进入子网的数据提供一条完整的传输路径的通路。

一般按照通信子网中的网络节点对进入子网的数据所实施的转发方式的不同，可以将数据交换方式分为电路交换和存储转发交换两大类。常用的交换技术有电路交换、报文交换和分组交换三种。

2. ZigBee 技术简介

蜂舞协议(ZigBee)，也称紫蜂，是一种低速短距离传输的无线网上协议，底层是采用 IEEE 802.15.4 标准规范的媒体访问层与物理层，主要特点有低耗电、低成本、支持大量网上节点、支持多种网上拓扑、低复杂度、快速、可靠、安全。

ZigBee 无线通信技术是一项新型的无线通信技术，适用于传输范围短、数据传输速率低的一系列电子元器件设备之间的通信。ZigBee 无线通信技术可于数以千计的微小传感器相互间，依托专门的无线电标准达成相互协调通信，因而该项技术常被称为 HomeRFLite 无线技术和 FireFly 无线技术[94]。ZigBee 无线通信技术还可应用于小范围的基于无线通信的控制及自动化等领域，可省去计算机设备、一系列数字设备相互间的有线电缆，更能够实现多种不同数字设备相互间的无线组网，使它们实现相互通信，或者接入因特网。

ZigBee 无线通信技术本质上是一种速率比较低的双向无线网络技术，其由 IEEE 802.15.4 无线标准开发而来，拥有低复杂度和短距离以及低成本和低功耗等优点。其使用了 2.4GHz 频段，这个标准定义了 ZigBee 无线通信技术在 IEEE 802.15.4 标准媒体上支持的应用服务。ZigBee 联盟的主要发展方向是建立一个基础构架，这个构架基于互操作平台以及配置文件，并具有低成本和可伸缩嵌入式的优点。搭建物联网开发平台，有利于研究成果的转化和产学研对接，是实现物联网的简单途径。

3. OPC UA 标准

对象链接与嵌入的过程控制(OLE for process control，OPC)是自动化行业及其他行业用于数据安全交换时的互操作性标准。它独立于平台，并确保来自多个厂商的设备之间信息的无缝传输，OPC 基金会负责该标准的开发和维护。OPC 标准是由行业供应商、终端用户和软件开发者共同制定的一系列规范。这些规范定义了客户端与服务器之间以及服务器与服务器之间的接口，如访问实时数据、监控报警和事件、访问历史数据和其他应用程序等，都需要 OPC 标准的协调。

在 2008 年发布的 OPC 统一架构(unified architecture，UA)将各个 OPC Classic 规范的所有功能集成到一个可扩展的框架中，独立于平台并且面向服务。这种多层方法实现了最初设计 UA 规范时的目标。目前的连接平台机制层出不穷且自我封闭，很容易形成数据孤岛。OPC UA 是一个与平台无关的标准，使用该标准可以在不同类型网络上的客户端和服务器间发送消息，以实现不同类型系统和设备间的通信。

OPC UA 可用于现场设备、控制系统、各种软件(MES、ERP)等，在工业过程领域交互信息、使用指令和执行控制。OPC UA 定义了通用架构模型来实现这种信息交互，提供了统一的、标准的数据互联接口[95]。工业互联网的设备和基础设施连接在一起后，形成了一个智能系统群，会产生庞大的数据。通过分析和处理这些大规模数据来驱动正确的业务决策，最终提高安全性、保证正常运行时间和运行效率。OPC UA 框架结构如图 7.1 所示。

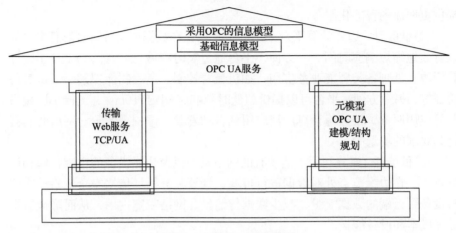

图 7.1　OPC UA 框架结构

7.1.3　云计算环境架构

　　工业互联网应用软件的开发平台应能同时满足云上和云下的应用设计和运行管理要求。目前，云下的设备主要依靠各个工业自动化设备厂商的技术来满足智能制造基本的控制要求，但是在云上的应用开发环境上还没有成熟的软件工具和技术环境的支撑，设计人员都在努力设计一种既能够在功能上满足当前业务需求又能够适应用户需求发生变化或者能够在可预见的未来适应环境变化的应用[96]。尤其是在互联网领域，架构师都在努力让自己设计的应用具有较强的扩展能力，跟得上用户不断增长或者出现突发请求的情况。

7.2　基于边缘计算技术的智慧电网应用

7.2.1　边缘计算特点

　　边缘计算是对云计算的补充和延伸，可以为物联网中的终端设备提供更便捷、丰富的弹性资源，是连接信息和通信技术与操作技术的重要一环。具体而言，边缘计算具有以下特点。

　　(1)智能化。将人工智能技术与边缘设备结合，不仅可以协同利用多个设备中的弹性计算资源实现普通物联网终端的数据智能化分析，还可以将在其他平台(如云计算平台或本地高性能计算中心)不断优化后的智能模型及时更新到边缘设备上，使边缘设备具有持续、安全、可靠的海量数据分析能力，提供更便捷的智能化服务。

（2）低时延。边缘计算平台采用分布式计算在数据源头处理计算任务，可以有效地缩短响应时间。一方面，平台通过实时跨域（如云计算平台）调度计算资源，处理各类智能业务应用，如机械臂控制、危险物体识别、人员身份验证等；另一方面，平台可以提供超低时延响应（小于10ms），支持小区域高并发应用服务，使边缘计算广泛应用到自动驾驶、虚拟现实等对网络时延有苛刻要求的场景中。

（3）低能耗。充分利用本地现有的网络资源以及边缘设备的空闲存储和计算资源，在边缘节点处对数据进行过滤、计算和分析，依据安全策略动态调整设备到云端的数据流量，减少数据传输量和网络带宽占用，从而降低数据处理成本和设备能耗。

（4）可靠性。边缘设备的计算能力使边缘计算系统具有较高的鲁棒性，即使某个云服务由于网络故障暂时不可用，边缘设备对数据的处理也可以暂时掩盖该故障，保证用户的正常使用。另外，分布式的架构使得边缘计算系统不会因为单点故障而产生较大影响，合理的任务负载均衡系统和异常环境下的资源调度机制可以全天候保障用户流畅地使用各类服务。

7.2.2　智慧电网边缘解决方案

目前，传统电力企业面对不断涌现的新技术和新方法，亟待对现有电网进行智能化改造，减少人力成本，提高服务质量。传统的云计算解决方案面临诸多问题：首先，电力设备接口繁杂，数据获取难度高，使用云计算解决方案不仅需要电力行业工程师提供支持，还需要专业技术人员编写相关接口，增加了用人成本和开发时间；其次，云计算时延较高，无法对大量电力设备进行实时控制，也不能对数据进行实时获取和分析；最后，电网数据关系国计民生，云计算方案不能较好地制定差异化的安全策略，对不同类型数据进行保护，而边缘计算的诸多特性可以较好地解决这些问题。

1. 电路网线和变电场所智能监控

1）业务场景

高压输电线路设施的运行维护与安全监控是国家电网公司的重要工作之一。用电设备的增加、用电量的不确定性给电网带来了巨大压力。例如，电动汽车的大量普及将增加电网负荷。同时，电路网线和变电场所环境复杂，施工机械和塑料等容易对电路设施和导线造成威胁。目前输电线路和设施的检测与安全监控主要依靠工作人员定期上塔巡检、日间瞭望与测量的方式。电网中设备量大、工作人员平均年龄高等诸多问题导致人工检测的方式缺点颇多，如效率低、周期长、需要停电维护、非实时决策、夜间无法运维等。技术层面上，先进的在线监测、带电检测手段严重不足。以上问题给高压输电线路的运行维护与安全监控带来了巨大挑战。

2) 边缘计算解决方案

针对电网监控存在的问题，目前大部分解决方案是将采集的视频或图像信息上传至服务器进行分析。但视频图像传输量大且有效信息少，会占用和浪费大量网络资源。出于对成本的考虑，此类方案会降低数据回传的频次，因而无法真正做到实时监控与预警。基于边缘计算的解决方案可以实现前后端协同的电网全天候智能监控。该解决方案可借助高清夜视摄像系统实现国家电网公司高压输电线路的在线监控。前端设备集成人工智能模块，实时拍照并进行检测，将异常结果回传到后端，减少大量无用数据的传输。后端配备计算能力较强的计算单元，使用回传数据进行深度学习，建立模型。系统可以定时更新前端装置的模型，增强异常检测能力。

2. 储能电池预测性运行维护

1) 业务场景

尽管物联网这个理念得到了广泛认可，物联网产业也被一致看好，但物联网节点的能源问题一直是物联网发展的一个重要瓶颈。物联网设备在能源方面面临的两大挑战是电池的电量管理和使用寿命的延长。以近年来不断发展的电动汽车为例，目前电动汽车常用的电池有铅酸电池、锂电池、镍氢电池。这些电池能量密度高，其健康状况与车辆动力系统联系紧密。一旦电池偏离了正常工作状态(即处于亚健康状态或故障状态)，就会给汽车带来严重的安全隐患。但是，传统的电池性能评估系统多借助少数参数建立特定数学模型，不能适应复杂的实际工作场景，难以做到及时、准确的判断和预警。因此，物联网设备能源领域需要能适应复杂的实际工作场景，准确预测电池性能的评估系统[97]。即使电池处于正常的工作状态，若能对其运行性能进行客观、全面的评估，也对优化汽车整体性能和延长电池寿命具有十分重要的指导意义。

2) 边缘计算解决方案

边缘计算解决方案使用人工智能和大数据的方法解决动力电池容量和健康估算难题。基于大数据和深度学习模型预测动力电池寿命的方法，边缘应用能够对动力电池的运行和健康状况进行实时监测，并对突发事件进行报警，有效提升了动力电池的安全性能。

解决方案中的评估系统由前端边缘盒子和后端云平台组成。前端边缘盒子通过控制器域网(controller area network，CAN)总线接口实时获取电池的电特性参数和环境参数，使用电化学模型进行初始推理，并通过深度学习模型对电池综合性能进行实时评估[98]。采集的电特性参数包括充放电电压、电流、电池温度等，环境参数包括环境温度、负载等。云平台作为后端，为本地的前端边缘盒子提供额外的数据存储能力和计算能力支持，以电池大数据的全局信息对各前端的人工智能深度学习模型的评估结果进行交叉验证和渐进优化。基于特征学习的方法，利用多层次、多种类的神经网络(如卷积神经网络、长短期记忆网络)对电池健康状况进行拟合。

使用边缘计算技术的电池评估系统部署方便、可扩展性高，对提高电池的使用成熟度、降低电池充放电中的故障和危险发生率、提高安全性、延长使用寿命有深远意义。

3. 配电网智能化

1)业务场景

配电网位于输电的末端，用于保证电力系统与分散的用户的连接。配电网由能量流与信息流融合而成，实现电力数据双向通信，是保证供电质量、降低运行费用、提高电网运行效率的关键环节。智能配电网项目和技术一直是智慧电网发展的重要一环。根据美国能源部现代配电网发展报告，智能配电网具有以下特征：具有自我恢复能力；用户可主动参与配电网的运行；可抵御自然灾害与外部袭击，提供高质量的电能；能够接纳其他发电和蓄电形式；能够优化设备，降低电网运行费用。在业务场景中，智能配电网需要具备电力设备状态监测、电力质量管理、新能源电力接入等功能。

(1)电力设备状态监测：电网中设备数量种类繁多，如变压器、断路器、避雷器、接触器等，传统人工定期巡检方式效率低，工作任务重，发现问题不及时。智能配电网需要及时发现异常，避免损失，提高电网的稳定性。

(2)电力质量管理：智能配电网的部署有助于获取信息流进行双向互动。一方面，电力部门可通过收集、统计用户端信息，归纳一个地区的用电规律，以此匹配最佳的发电和配电方案，提高供电可靠性与用电效率；另一方面，用户可以自由选择用电消费时间和用电模式，节约生活开支。

(3)新能源电力接入：以化石燃料为基础的传统发电方式面临着全球变暖、

气候变化和碳排放增加的威胁。使用风能、太阳能等可再生资源可有效缓解上述问题。智能配电网的部署有助于分析新能源发电设备的数据，实现新能源发电的监控和预测，进而将新能源电力资源整合到能源分配系统中，平衡能源负荷。

2) 边缘计算解决方案

随着用电可靠性的增加，一些重点区域需要实现不间断供电，事故响应时间需要控制在毫秒级。目前电网中多使用先进计量基础设施 (advanced metering infrastructure，AMI)，电网公司通过智能电表等工具收集用户和电力设备的数据。这些收集工具产生的数据量巨大，即使使用云计算也难以处理、分析和存储，影响配电的响应速度。边缘计算通过部署在电网侧的设备收集、计算和存储智能电表数据，能够实时标记和处理数据，将缩减后的数据或结果传输到云计算中心中。分布式的边缘计算设备充当了智慧电网和云之间的桥梁，通过减少时延，提高智慧电网的隐私性和局部性等额外功能，部分解决了云计算方式的难点。

使用边缘计算设备构建的智慧电网具有以下功能特点。

(1) 自愈性：边缘设备检测到异常后，能够迅速对故障区域进行孤岛控制，并运用调节机制消除过负荷、电压波动等问题，待恢复正常后并入电网。

(2) 安全性：强大的容错机制与即时的异常预测和处理保证了配电网设备的正常工作，排除了大量传统电网系统的安全隐患。

(3) 高质量：结合收集的区域用电特征，进行针对性的电源输送，防止出现电能不稳定导致的电器损坏情况。

(4) 交互性：智能配电网的边缘设备贴近用户，增强了用户与配电网的交流，用户可以随时查看用电信息，进行用电规划。

(5) 纳新性：高效接入风力、太阳能等清洁能源，实现了资源的有效调度，平衡能源负荷[99]。

7.3　基于 ZigBee 的数据交互技术在智能电网中的应用

7.3.1　ZigBee 技术特点

基于 ZigBee 的数据传输率能够满足抄表业务需求，能够支持较低的工作频段，具有待机休眠模式。ZigBee 的功耗非常低，使用两节五号干电池即可工作六个月左右。ZigBee 协议栈复杂度低，无需专利费用，能够工作在全球免费的 2.4GHz 频段，且能够工作在开放系统互联(open systems interconnection, OSI)模型框架内。ZigBee 具有自动路由和自动组网功能，基于 ZigBee 协议工作的终端节点能够自动发现并加入网络，工作覆盖范围大，网络容量高，组网功能强，各节点可以跳转中继传输。由此可见，ZigBee 技术填补了低成本、低功耗、低速率的无线通信市场的空白，基于 ZigBee 技术的远程抄表系统的研究具有广阔的发展空间和现实意义。

7.3.2　基于 ZigBee 技术的远程抄表系统硬件实现

由于系统的设计初衷是以 ZigBee 网络为基础来构建远程抄表系统，设计系统时应重点考虑低功耗及安全性能。Chipcon 公司的 CC2430 能够解决以上重点关注的问题。CC2430 内部集成了先进的 ZigBee 协议栈，集成了 CC2420 射频模块及 8051MCU，CC2420 射频模块的数据传输稳定性、抗干扰性都比较好，提高了所采集原始电能量数据的安全性，此外 MCU 与射频模块集成，避免了模块与射频的连接设计所造成的系统不稳定性。在掉电方式下，电流消耗极低(只有 0.9μA)，外部中断或者实时时钟(real_time clock，RTC)能唤醒系统，在挂起方式下，电流消耗小于 0.6μA，外部中断可唤醒系统，可以对电池使用情况进行监视，集成了温度传感器。在电能计量模块采用基于 ATT7053 芯片的电能计量模块负责电量原始数据采集。中继器的硬件设计只需要在 CC2430 芯片上加上简单的外围必需工作电路即可，网关设备是 ZigBee 网络的核心，一方面能够负责网络的构建和维护，发起网络构建并对网络中节点的加入、删除进行管理，另一方面能够对抄集的电能数据进行存储和管理，通过通用分组无线服务(general packet radio service，GPRS)模块与外网进行通信，上传数据和下达抄集命令。

7.3.3　基于 ZigBee 技术的远程抄表系统软件实现

软件系统构建是硬件平台功能得以实现和运行的必要条件。软件系统的构建主要包含电能表驱动程序的设计、ZigBee 组网程序的设计和管理软件程序的设计。其中电能表驱动程序的重点在于串口通信程序设计，通过 MCU 对其相关寄存器的读取，即可获取和管理所需要的电能表数据；ZigBee 组网程序的实现基于轮转查询式操作 TIZ-Stack 协议栈软件系统，重点在于设备对中断事件的处理和响应，以实现系统的条理运行；管理软件的编写主要为了实现抄表命令的下达和对数据库数据的访问，实现实时抄表和对数据的查询。

7.4　工业互联网在智能电网中的前景展望

工业化创造了无数的机器、设备组、设施和系统网络，互联网革命带来了计算、信息与通信系统的进步，工业互联网汇集了两大革命的成果，将世界上各种机器、设备组、设施和系统网络，与先进的传感器、控制器和软件应用程序相连接，为各种企业、产业和宏观经济提供了新的增长机遇。

我国的基础设施，包括智能电网、智能交通系统、更高效的医疗系统，面向工业领域大量投资于互联网技术，如传感器、物联网等。将来进一步提高现有资产的利用率，使其达到峰值效率。我国对能源和资源的优化将是工业互联网最大的应用领域。此外，控制系统、传感器、远程监控等应用也会大有用武之地，会催生出优秀的公司和行业，不仅会提高生产率，也会创造更多就业机会。

尽管工业互联网已经显现了其威力，但不容否认的是，要想普及和充分发挥其作用，需要的是行业合作伙伴的共同参与努力，这之中，商业利益与行业标准间如何平衡就显得尤为重要，也是不小的挑战。

7.5　本 章 小 结

本章首先介绍了边缘计算技术和数据交互技术等工业互联网关键技术的基本概念；然后讲述了边缘计算技术的相关特点，从多个应用场景阐述了边缘计算在智能电网中的应用；最后介绍了基于 ZigBee 的数据交互技术在智能电网中的应用，讲述了在智能电网背景下工业互联网的前景展望。

参 考 文 献

[1] 毕建兴, 马宏斌, 赵家莹. 智能电网综述[J]. 河北农机, 2018, (8): 38.

[2] 张俊健. 基于改进 LSSVM 的智能电网短期电力负荷预测[D]. 北京: 华北电力大学, 2021.

[3] 张毅威, 丁超杰, 闵勇, 等. 欧洲智能电网项目的发展与经验[J]. 电网技术, 2014, 38(7): 1717-1723.

[4] 宋璇坤, 韩柳, 鞠黄培, 等. 中国智能电网技术发展实践综述[J]. 电力建设, 2016, 37(7): 1-11.

[5] 金国强, 陈征洪. 我国智能电网发展现状与趋势[J]. 质量与认证, 2019, (9): 54-56.

[6] 陈树勇, 宋书芳, 李兰欣, 等. 智能电网技术综述[J]. 电网技术, 2009, 33(8): 1-7.

[7] 张东霞, 姚良忠, 马文媛. 中外智能电网发展战略[J]. 中国电机工程学报, 2013, 33(31): 1-15.

[8] 刘瑞生. 基于智能配电网关键技术的城市配电网规划[J]. 电子技术与软件工程, 2021, (23): 194-195.

[9] 董朝阳, 赵俊华, 文福拴, 等. 从智能电网到能源互联网: 基本概念与研究框架[J]. 电力系统自动化, 2014, 38(15): 1-11.

[10] 石毅. 电力工程中的智能电网技术研究[J]. 科技创新导报, 2020, 17(14): 16, 18.

[11] 任纲领. 新基建背景下 JX 电力工程公司竞争力提升策略研究[D]. 南昌: 南昌大学, 2021.

[12] 孙严智, 刘宇明, 罗海林, 等. 基于 5G 端到端切片的多业务泛在智能电网研究[J]. 云南电力技术, 2021, 49(6): 2-7, 12.

[13] 谢清玉, 张耀坤, 李经纬. 面向智能电网的电力大数据关键技术应用[J]. 电网与清洁能源, 2021, 37(12): 39-46.

[14] 张雪贝, 黄倩, 杨文聪, 等. 5G 端到端网络切片进展与挑战分析[J]. 移动通信, 2022, 46(2): 43-48.

[15] 刘海林, 王强. 电力无线专网优化研究[J]. 通信与信息技术, 2021, (5): 76-77, 96.

[16] 李泰慧. 5G 网络端到端切片算法研究[D]. 南京: 南京邮电大学, 2021.

[17] 刘彩霞, 胡鑫鑫. 5G 网络切片技术综述[J]. 无线电通信技术, 2019, 45(6): 569-575.

[18] 王睿, 张克落. 5G 网络切片综述[J]. 南京邮电大学学报(自然科学版), 2018, 38(5):

19-27.

[19] 李锦煊, 王维. 基于智能电网的 5G 网络切片资源优化分配模型构建及仿真[J]. 自动化与仪器仪表, 2021, (11): 36-39, 44.

[20] 王杨, 张平, 鄂士野, 等. 浅谈 5G 移动通信技术的特点及应用[J]. 中国新通信, 2021, 23(16): 13-14.

[21] 焦良全, 姚远. 5G 网络边缘计算及应用[J]. 中国新通信, 2020, 22(16): 95.

[22] 蔡玺, 赵成宝, 宋超. 探究 5G 网络边缘计算技术分析及应用展望[J]. 电子测试, 2020, (24): 115-116, 112.

[23] 德勤. 5G 赋能未来电力[J]. 软件和集成电路, 2021, (7): 74-85.

[24] 刘媛媛. 5G 的应用及其发展前景探索[J]. 科技创新与生产力, 2021, (10): 55-57.

[25] 张臣瀚. 5G 将深远影响电力行业[J]. 通信世界, 2020, (23): 26-27.

[26] 顾根雨. 电力负荷批量控制技术应用[J]. 集成电路应用, 2021, 38(5): 176-177.

[27] 黄敏, 王大朋, 吴明明, 等. 5G 网络切片在智能电网的应用研究[J]. 中国新通信, 2020, 22(20): 122.

[28] 程乔, 王映华, 李冉, 等. 移动边缘计算技术与应用的探讨[J]. 广西通信技术, 2020, (3): 1-6.

[29] 衷宇清, 王浩, 林泽兵, 等. 基于 5G 的边缘计算网关及其在电网中的应用[J]. 自动化应用, 2020, (6): 61-63.

[30] 袁智勇, 肖泽坤, 于力, 等. 智能电网大数据研究综述[J]. 广东电力, 2021, 34(1): 1-12.

[31] 周静. 基于忆阻器的图像处理技术研究[D]. 长沙: 国防科技大学, 2014.

[32] 董学润. 大数据分析及处理综述[J]. 中国新通信, 2021, 23(1): 67-68.

[33] 李学龙, 龚海刚. 大数据系统综述[J]. 中国科学: 信息科学, 2015, 45(1): 1-44.

[34] 杨小娟. 数据挖掘国内研究综述[J]. 电脑编程技巧与维护, 2020, (8): 115-117.

[35] 范继锋, 王瀚霆, 薄宏斌, 等. 大数据技术在电力行业中的应用研究[J]. 电力设备管理, 2020, (12): 55-59.

[36] 郭永亮. 电力大数据背景下的电网规划研究[J]. 现代工业经济和信息化, 2020, 10(11): 70-71.

[37] 董晓天. 智能电网环境下的电动汽车与新能源协同交易模式研究[D]. 上海: 上海交通大学, 2013.

[38] 张建兴, 杜笑天. "新基建"形势下充电桩关键技术发展展望[J]. 大众用电, 2020, 35(4): 20-22.

[39] 宋坤. 电动汽车入网技术在智能电网中的应用[J]. 电子技术与软件工程, 2016, (17):

146.

[40] 刘晓飞, 张千帆, 崔淑梅. 电动汽车 V2G 技术综述[J]. 电工技术学报, 2012, 27(2): 121-127.

[41] 周健飞, 孙宇轩, 代军. 基于 V2G 技术的微电网调峰控制策略研究[J]. 电力与能源, 2019, 40(3): 351-353.

[42] 柯荣宗, 吴吉. 发电机组一次调频功能的分析[J]. 上海电气技术, 2021, 14(4): 20-24.

[43] 周萌, 吴思聪. 基于 V2G 技术的微电网调频控制策略研究[J]. 东北电力技术, 2019, 40(9): 23-26.

[44] 袁一鸣, 郑金亮. 电气自动化在电力系统运行中的运用分析[J]. 智能城市, 2021, 7(20): 64-65.

[45] 孟繁宇. 充电桩接入电网无功补偿研究[D]. 太原: 太原科技大学, 2020.

[46] 靳海岗. 电动汽车充电桩对电能计量的影响[C]. 第二届智能电网会议, 北京, 2018: 325-328.

[47] 蔡文璇, 段芳娥. 国外车网互动(V2G)发展实践及经验启示[J]. 中国能源, 2021, 43(10): 79-84.

[48] 刁力鹏, 张亮, 曾雁鸿. 新能源电动汽车充电技术与应用浅析[J]. 电器工业, 2019, (10): 70-73.

[49] 崔岩. 我国新能源汽车产业发展现状与关键技术进展[J]. 电气应用, 2015, 34(13): 8-13.

[50] 田家瑞, 张行健. 电动汽车与智能电网互联的前景展望[J]. 中小企业管理与科技(上旬刊), 2018, (2): 40-41.

[51] 涂晓翔. 人工智能在电网建设中的应用[J]. 通信电源技术, 2019, 36(8): 127-128.

[52] 赵云, 宋寅卯, 刁智华. 基于图像技术的农作物病害识别[J]. 河南农业, 2013, (16): 62-64.

[53] 程昊天, 韩曦, 王运智, 等. 人工神经网络的现状与发展——以雾霾预测研究为例[J]. 现代信息科技, 2020, 4(1): 20-22.

[54] 张国民. 遗传算法的综述[J]. 科技视界, 2013, (9): 37, 36.

[55] 徐国锋. 新能源汽车技术现状与发展前景分析[J]. 南方农机, 2019, 50(7): 159-160.

[56] 戴彦, 王刘旺, 李媛, 等. 新一代人工智能在智能电网中的应用研究综述[J]. 电力建设, 2018, 39(10): 1-11.

[57] 朱大奇. 人工神经网络研究现状及其展望[J]. 江南大学学报, 2004, (1): 103-110.

[58] 毛健, 赵红东, 姚婧婧. 人工神经网络的发展及应用[J]. 电子设计工程, 2011, 19(24): 62-65.

[59] 席裕庚, 柴天佑, 恽为民. 遗传算法综述[J]. 控制理论与应用, 1996, (6): 697-708.

[60] 甄皓. 多源互补微电网能量智能预测及优化管理[D]. 北京: 华北电力大学, 2021.

[61] 王永生. 基于深度学习的短期风电输出功率预测研究[D]. 呼和浩特: 内蒙古农业大学, 2021.

[62] 查雯婷, 杨帆, 陈波, 等. 基于 CNN 的区域风功率预测方法[J]. 计算机仿真, 2021, 38(5): 318-323.

[63] 汤奕, 崔晗, 李峰, 等. 人工智能在电力系统暂态问题中的应用综述[J]. 中国电机工程学报, 2019, 39(1): 2-13, 315.

[64] 叶圣永. 基于机器学习的电力系统暂态稳定评估研究[D]. 成都: 西南交通大学, 2010.

[65] 王同文, 管霖, 张尧. 人工智能技术在电网稳定评估中的应用综述[J]. 电网技术, 2009, 33(12): 60-65, 71.

[66] 文武臣. 基于人工智能的 ZPW-2000A 轨道电路故障诊断方法研究[J]. 铁路通信信号工程技术, 2021, 18(10): 35-39.

[67] 祁乐. 人工智能在机械设备故障检测中的应用初探[J]. 冶金与材料, 2021, 41(5): 91-92.

[68] 张宇涵, 高海波, 商蕾, 等. 基于神经网络模型的船舶电网短期电力负荷预测[J]. 应用科技, 2021, 48(5): 12-15, 22.

[69] 张卫卫. 基于模糊遗传算法 BP 神经网络的中长期电力负荷预测[D]. 株洲: 湖南工业大学, 2021.

[70] 李振伟, 苏涛, 张丽丽. 人工智能技术在智能电网中的应用分析和展望[J]. 通信电源技术, 2020, 37(5): 152-153.

[71] 高强, 杨涛, 陆彦青. 人工智能背景下的智慧调度助手可行性研究[J]. 网络安全技术与应用, 2021, (11): 135-137.

[72] 孙秋野, 杨凌霄, 张化光. 智慧能源——人工智能技术在电力系统中的应用与展望[J]. 控制与决策, 2018, 33(5): 938-949.

[73] 李博, 高志远. 人工智能技术在智能电网中的应用分析和展望[J]. 中国电力, 2017, 50(12): 136-140.

[74] 周涛. 特高压电网智能化研究[J]. 科技创业月刊, 2013, 26(5): 167-169.

[75] 张进. 特高压电网坚强智能电网[J]. 中国外资, 2012, (7): 244.

[76] 赵建明, 蒙毅. 特高压直流输电技术的分析与探究[J]. 科技创新与应用, 2021, 11(33): 109-112.

[77] 张冠军, 王清璞, 陈志伟, 等. ±1100kV 直流输电工程用特高压换流变压器关键技术研究[R]. 保定: 保定天威保变电气股份有限公司, 2019.

[78] 国家电网. 特高压交流输电关键技术、成套设备及工程应用[J]. 高科技与产业化, 2021, 27(6): 15.

[79] 韩先才, 孙昕, 陈海波, 等. 中国特高压交流输电工程技术发展综述[J]. 中国电机工程学报, 2020, 40(14): 4371-4386, 4719.

[80] 闫旭东, 闫宇, 祝铭悦. 特高压交流输电线路运行维护及带电作业[J]. 通信电源技术, 2019, 36(10): 229-230.

[81] 陈湘, 司瑞华, 于琳琳, 等. 特高压交直流多馈入下的受端电网优化规划及评价技术研究及应用[R]. 郑州: 国网河南省电力公司经济技术研究院, 2020.

[82] 张天, 龚雁峰. 特高压交直流电网输电技术及运行特性综述[J]. 智慧电力, 2018, 46(2): 87-92.

[83] 李勇, 徐遐龄, 张志强, 等. 特高压交直流跨区互联大电网频率安全防控技术研究与应用[R]. 武汉: 国家电网华中电网有限公司, 2016.

[84] 汤广福, 庞辉, 贺之渊. 先进交直流输电技术在中国的发展与应用[J]. 中国电机工程学报, 2016, 36(7): 1760-1771.

[85] 张中青, 刘长义, 余晓鹏, 等. 特高压交直流混联区域电网运营关键技术研究及应用[R]. 郑州: 国网河南省电力公司, 2015.

[86] 张思豪. 中国特高压的发展状况及前景[J]. 安徽科技, 2021, (8): 42-45.

[87] 马冯挺. 探讨特高压直流输电技术现状及在我国的应用前景[J]. 电力设备管理, 2021, (1): 43-44, 65.

[88] 陶修哲, 田威. 特高压直流输电技术现状及在我国的应用前景[J]. 内蒙古煤炭经济, 2019, (15): 213.

[89] 王晶, 李永双, 李勇伟, 等. 特高压直流输电线路绝缘配置深化研究[J]. 电力勘测设计, 2022, (7): 10-16.

[90] 张嫚嫚. 工业互联网背景下制造企业服务化转型策略研究[D]. 北京: 北京邮电大学, 2021.

[91] 周济. 智能制造——"中国制造 2025"的主攻方向[J]. 中国机械工程, 2015, 26(17): 2273-2284.

[92] 延建林, 孔德婧. 解析"工业互联网"与"工业 4.0"及其对中国制造业发展的启示[J]. 中国工程科学, 2015, 17(7): 141-144.

[93] 施巍松, 孙辉, 曹杰, 等. 边缘计算: 万物互联时代新型计算模型[J]. 计算机研究与发展, 2017, 54(5): 907-924.

[94] 毛中麒. 基于边缘计算的智慧能源配电优化方案研究[D]. 成都: 电子科技大学, 2021.

[95] 潘琪, 吴锋, 王亮, 等. CIM/SVG 数据交互技术在电网预警和停电计划处理系统中的

应用[J]. 中国电力, 2018, 51(4): 155-160.

[96] 赵轩. 云计算环境下的信息系统运维模式分析[J]. 信息记录材料, 2021, 22(5): 219-221.

[97] 罗达, 张阳, 向运琨. 基于边缘计算的智慧能源网关[J]. 电工技术, 2020, (19): 143-146.

[98] 张聪, 樊小毅, 刘晓腾, 等. 边缘计算使能智慧电网[J]. 大数据, 2019, 5(2): 64-78.

[99] 郑国, 鞠苏明, 朱佳乐. 浅谈工业互联网发展研究[J]. 中国新通信, 2019, 21(19): 22.